JN086917

現代版

「トロイの木馬」

日本の原発を封じ、
自国では核を乱開発。
日本人よ、**大嘘**に騙されるな！

脱原発は中共の罠

理学博士
高田 純

ハート出版

はじめに

本書は、私の専門分野である核放射線の科学を題材に、日本における「トロイの木馬論」を展開する。

私は、旧ソ連の核実験場と黒鉛原子炉事故の周辺被害、アメリカビキニ環礁水爆実験の周辺影響、中共タクラマカン砂漠の水爆災害、広島の空中核爆発、東海村ウラン臨界事故、北朝鮮核実験の放射線影響、福島軽水原子炉事故の放射線影響の調査を実施した放射線防護科学者である。

人口とエネルギー問題を含む日本文明も長年の研究対象としてきた。日本の現在から未来にとって、重要な「エネルギー」と「国防」にかかわるトロイの木馬論でもある。

読者のみなさんに、しっかりと考えていただきたい。

気象に左右される風力と太陽光の発電量を増やすのは、電力安定化に逆行する。石炭火力発電の比重を高めるのも文明進展にマイナスだ。多くの原子力発電所の再稼働は、電気料金が下がるだけでなく、電力供給が安定する。

さらに高速増殖炉もんじゅ廃炉決定を撤回し、ガラス固化体地層処分の地域調査を進め、核燃料サイクル技術を推進すれば、エネルギー資源の無い日本の現状打開と未来に繋がる。こう私は固く信ずる。

言葉巧みに日本のエネルギー安定化を阻むトロイの木馬である原子力規制委員会や、反日の「反原発」「脱原発」運動で日本国内を扇動する木馬たちを打ち壊すのは今である。

規制第一主義で国は滅ぶ。

令和3年1月　吉日

著　者

目次――『脱原発は中共の罠』

第二章　「反原発」「脱原発」こそトロイの木馬　55

序章

トロイの木馬を粉砕せよ！

トロイ王国の滅亡

全知全能の神ゼウスは、人間が増えすぎたことを憂慮し、秩序を司る女神テミスとともに、人口を減らすために戦いを引き起こそうと考えた。ユーラシア大陸の西部のアジアに建国されていたトロイ王国と、ギリシャの都市国家ミケーネを中心とするアカイア人の遠征軍との間で、10年間の戦争となった。紀元前13世紀の物語である。

ミケーネ王アガメムノンを総大将とする遠征軍は、総勢10万、1168隻の大艦隊だった。遠征軍はトロイ近郊の浜に上陸し、待ち構えていたトロイ軍を撃破した。しかしトロイ軍は強固な城壁のある市街に籠城し、両軍はスカマンドロス河を挟んで対峙することになった。長期化する戦争のなかで、ギリシャの英雄アキレスや、トロイの勇将ヘクトールなど、双方に多くの犠牲が出て、戦線は膠着した。

この状況を打開するために遠征軍のオデュッセウスが考案したのが「トロイの木馬」作戦だった。まずオデュッセウスは、トロイの城門よりも大きな木馬を作らせた。木馬が完成すると、夜のうちにスパルタ王メネラーオスや発案者のオデュッセウスをはじめとする少数の精鋭が木馬の中に隠れた。そして木馬とオデュッセウスの従兄弟（いとこ）であるシノーンを残して、遠征軍は一時撤退した。

夜が明けて、トロイ人たちは遠征軍がいなくなっていることに気づいた。巨大な木馬の近くにいたシノーンを捕まえて話を聞いた。

「ギリシャ人は逃げ去った。木馬はアテネの怒りを鎮めるために作ったものだ。巨大なのは、この木馬がトロイの城内に入るとギリシャ人が負けると予言者カルカースに予言されたため、中に運び込まれないよう城門よりも大きく作る必要があったためである」と答えた。

トロイ人たちはこの話を信じて、城門を破壊して、木馬を城内に運び入れた。そしてアテネの神殿に奉納し、勝利を祝う宴会を開いた。

人々が寝静まった深夜、オデュッセウスたちは木馬の中から出てきて、松明（たいまつ）で遠征軍に合図を送り、彼らを引き入れた。油断していたトロイ人たちは抵抗することもできず、次々に殺された。こうしてトロイ王国は滅亡した。

日本科学者の私は、この種の木馬が国内に入り込んで破壊活動を行っていることにある日、気がついた。それは、長年の研究成果を『中国の核実験』の英語、ウイグル語翻訳版として世界へ報告してからである。その研究成果を私は、２００９（平成21）年３月、憲政記念館で開催された国際シンポジウムでも報告した。

そして、平成23年3月以後、中共の核武装を絶賛し、または北朝鮮の核武装を擁護しながら、日本国内で「反原発」や「脱原発」を扇動する人たちを、私ははっきりと見たのである。

中共からの木馬で世界の危機

「トロイの木馬」はギリシャ神話のひとつであるが、現代では、敵国の工作員たちに籠絡(ろうらく)された著名人や政府内部政治家や役人、そして報道機関、芸能人たちが、巧妙に自国を破壊する罠(わな)を指して、「トロイの木馬」と呼ぶ。

特に共産党独裁国家が放った工作員や、その国家や工作員と親密になった人物が創り出すトロイの木馬の破壊力は絶大である。狙われた国家の中で権力中枢や企業経営者、報道中枢、テレビ番組や映画制作中枢が、トロイの木馬になりうるから被害は甚大である。国家を内側から破壊させる威力がある。

敵兵が密かに潜入し破壊活動するターゲットは立法、司法、教育、報道、テレビ・映画製作、国防、エネルギーである。「スパイ天国」日本ばかりか、アメリカでさえ、そうしたトロイの木馬が入り込んでいたことが、大統領選挙戦２０２０で耳にするようになった。

ユーラシア大陸の東に１９４９年に登場したチャイナ共産党（中共）は、改革開放という名の「トロイの木馬」を各地へ送った。結果、ウイグル、チベット、南モンゴルなど広大な土地が支配下に入り、人口侵略されていった。

最初「自治区」と命名したが、自治などどこにもなかった。信仰の自由、土地、言語さえ奪われる事態となった。チベット仏教徒の迫害、坊さんたちの焼身自殺が後を絶たない酷い状況がインターネット上で流れている。共産主義者たちは仏教、キリスト教などの宗教を否定する、神をも恐れない人種だった。

中共は１９６４年の最初の核爆発いらい、侵略したウイグル人の土地である楼蘭(ろうらん)遺跡周辺のタクラマカン砂漠でメガトン級の大型地表核爆発、空中核爆発、そして地下核爆発を繰り返し、多数の人口が消滅した。消滅した村も多い。（『中国の核実験』）

さらに、おぞましい臓器狩りが始まって移植ビジネスが横行し、人権は完全に蹂躙(じゅうりん)されてしまった。

こうした非人道事件を、日本のマスコミはほとんど報じていない。既にトロイの木馬の一員になっている。

人口14億の大地は、莫大な日本マネーを得て、社会資本を急速に強化した。１９７８年の「日中平和友好条約」締結の翌年から始まった日本の中共に対する政府開発援助は２０１８年度まで続いた。日本が40年にわたって円借款、無償資金援助、技術協力を合わせて拠出した額は３兆６５００億円にものぼった。チャイナは、次第に世界の工場になると同時に、巨大市場を形成し、世界資本が集中した。

他方で、先進諸国、欧米、日本、東アジア、オーストラリア、中東、アフリカにトロイの木馬を送り込んだのである。２００８年の北京オリンピック以後、世界各地の木馬は活発に働いた。

２０２０年には中共製の木馬は武漢コロナウイルスを世界中にばら撒き、新型肺炎の感染が拡大した。その年末までにチャイナ以外の世界で１７９万人が死亡した。初期2年間の世界経済の被害総額は3千兆円との推定がある。チャイナバイオハザードは、世界最悪のリスクになった。

ノーベル賞作家が中共の危険な水爆実験を絶賛する

東日本大震災が発生した２０１１年以来、「反原発」や「脱原発」感情を煽(あお)る集団がいる。その先導者の一人はノーベル文学賞の大江健三郎氏で、象徴的な「木馬」だ。

震災のあった平成23年6月に始まった「さようなら原発１０００万人アクション」は、9人の呼びかけ人＝内橋克人氏、大江健三郎氏、落合恵子氏、鎌田慧氏、坂本龍一氏、澤地久枝氏、瀬戸内寂聴氏、辻井喬氏、鶴見俊輔氏を担いだ、脱原発運動である。

一千万人署名市民の会の都内記者会見では「安倍新政権の原発を増設・再稼働させようとする行為は許せない」と主張。そして２０１３年1月10日に、大江氏は言った。

「原発に対して、憲法改悪に対してＮＯと言うには、デモンストレーションしかない」。

「脱原発」と「憲法改正」は全くの無関係である。それなのに、「憲法改悪にＮＯ」とは支離滅裂ではないか。

核爆発に歓声を上げるチャイナ共産党

彼は「脱原発」の先導者として適任者なのか、はなはだ疑問である。その理由は明快だ。

彼は昭和時代、１９６４年10月に始まった中共の核実験・核武装に対して、

「核実験成功のキノコ雲を見守る中国の若い研究者や労働者の喜びの表情が、いかにも美しく感動的であった」（『世界』67年９月号）と言った。その地は、中共に侵略された新疆（しんきょう）ウイグルである。

中共の核武装はＹＥＳで、日本の核エネルギーの平和利用はＮＯとする大江氏の矛盾。

ならば、脱原発後の日本が核武装することに、大江氏は賛成するのか。さらに言えば、「さようなら原発」一千万人署名市民の会は、日本の核武装に賛成するのか。バカバカしい限りだ。

彼らの目標は、「日本文明の発展と国防強化を阻止することにある」。すなわち、反国益、反日行動である。こうした「市民」運動を大々的、好意的に取り上げるマスコミは、異常だ。「市民の声」は「国民の声」なのか。

大江氏が『世界』で中共の核実験を絶賛した年の6月17日、中共は2メガトン威力の大型水爆実験を強行した。そこは、ウイグル人たちが暮らす楼蘭(ろうらん)遺跡周辺地域で、やってはいけない危ない地表核爆発だった。

地表核爆発は莫大な放射能を含む砂を広大な風下地域に降下させるので危ない。風下住民に致死リスクがある。中共は、この内陸で3回もメガトン級の地表核爆発を強行した。そのため、19万人以上が放射線で急性死亡したと推計されている。被害はこれ以上である。総核爆発回数46回、22メガトンは、広島核の1375倍だ。(『中国の核実験』)

米ソは危険回避のために、太平洋や北極海で、人口地域から100km以上も離して水爆実験場とした。

だから、内陸での中共の水爆実験は世界最悪の蛮行である。それを侵略したウイグル人たちの土地で強行した。北京から遠く離れた西方で爆発させた第一の理由は、危険を知っていたからである。

この中共の核武装に対する彼の感情は、平成になっても変わらなかった。それは、フランスと中共の両者の核実験に対しての反応に顕著に表れた。

1991年から96年までの核実験を両国で比べる。フランスが12回南太平洋で、他方、中共は9回ウイグル地区で行った。

フランスが核実験を始めると、彼は猛烈にフランス批判を始めた。フランス産のワインは飲まずに、カリフォルニア産ワインを飲むという写真が新聞で報じられたほどである。

一方で、彼は中共のウイグル地区での核実験にたいしては、完全に沈黙を続けたのだ。

一般人から見れば、大江氏の核に対する言動は明らかに矛盾している。

しかし、彼自身の嗜好（しこう）は一貫している。彼は、中共が大好きだった。彼は、それを貫いている。だから、日本国内の中共大好き派の集団には人気がある。

大江氏はチャイナが好きなのではなく、共産主義のチャイナ（中共）が好きなのだ。そう解釈したほうが納得できる事実がある。彼が、建国間もない中共を旅行した際の言動が、その理解につながる。

１９４９（昭和24）年10月１日、毛沢東（もうたくとう）が北京の天安門の壇上に立ち、中華人民共和国の建国を宣言した。ただし、内戦は終息していなかった。11月30日に重慶を陥落させて蔣介石率いる国民党政府を台湾島に追いやっても、翌年６月まで小規模な戦いが継続した。

建国当初、新民主主義社会の建設を目標に、穏健で秩序ある改革が進められていた。しかし毛沢東は、１９５２年９月24日、突如として社会主義への移行を表明した。

その後、共産党に批判的な知識人層を排除した。非道な人民裁判による処刑や投獄だった。こうして、毛は、急進的に社会主義建設路線の完成をめざした。

1957年の反右派闘争で党内主導権を得た中央委員会主席の毛沢東は、1958年から1961年までの間、農業と工業の大増産政策である大躍進政策を発動した。大量の鉄増産を試みたが、農村での人海戦術に頼る原始的な製造法のため、使えない大量の鉄くずができただけだった。農村では「人民公社」が組織されたが、かえって農民の生産意欲を奪い、農業も失敗した。

こうして大躍進政策は失敗し、数年間で2000万人から5000万人以上の餓死者を出した。

1960年5月30日より38日間にわたり、日本から6人の作家・評論家が、まだ国交のない中共を訪問した。その中に大江氏はいた。その時期は、まさに、暴走した共産党が打ち出した大躍進政策が発動された只中だった。

その印象記は、『写真　中国の顔』として、同年10月に出版された。それによると、日本文学代表団の中国訪問旅行は日本中国文化交流協会と中国人民外交協会の間に結ばれた「日中両国人民の文化交流に関する共同声明」に基づき行われた。中国人民対外文化協会、中国作家協会の招待であった。

この時代は、毛沢東が共産党中央委員会主席および中央軍事委員会主席を務める、最高指導者の地位にあった。当然、この日本からの訪中団の物語全てが、毛の放った対日工作というお盆の上の出来事である。

日本訪問団は広州、北京、蘇州を順に訪れて、主に日本国内での日米安全保障条約（安保）反対闘争を詳しく伝えるために時間を費やした。

これに対して、「中国人民、労働者、農民、学者、文学者、政権の中枢にある人々から、熱烈な歓迎を受け、日本の安保反対闘争にたいして大きな支持を得た」という。

すなわち、日本訪問団は日米安保の反対闘争に関し、中共から熱烈な工作を現地で受けたのだった。これが、大江氏の中共大好きの源流になった。

帰国後に、日本で多くの写真を含む出版を企画する意向を中共側へ相談したが、合意され、積極的に協力を受けた。向こうからしてみれば、全てが工作なのだから当然である。

見て回るところ、会合も、全てが中共にお膳立てされている。だから、不都合な場面を、彼らが見ることはなかった。

そんなわけで、彼は、非道な権力闘争の粛清や投獄を見ることはなかったのではないか。あるいは、それらを感じながらも、革命の空想のなかで正当化したのではないか。

そうして、彼はこう言った。

「もっとも重要な印象は、この東洋の一郭に、たしかに希望をもった若い人たちが生きて明日に向かっているということであった」。

一員の野間宏氏も言う。

「1949年の開放以来大きな発展をつづけている中国は、1958年の『大躍進』以来、さらに大きく前進している。私達はこの中国のなかで日本と中国の結合という問題についてたえず考えていた」。

この意味は、日本が中共体制にのみ込まれることを指しているのであろう。とんでもない思考だ。帰国後の彼らは、中共の日本支部代表になっていたのではないか。そんな想像ができる怖い実話だ。

共産党独裁社会の現実の悲劇に目を向けず、彼らが空想する共産理想社会のメガネを通して、日本社会の変革を語っている。これこそが危険な木馬である。

中共中央委員会主席・毛沢東主導の権力闘争である「文化大革命」が1966年に始まり、1976年まで続いた。その間の虐殺は最大2000万人と推計されている。この文革は日本へも輸出された。日本語雑誌である『人民中国』、『北京周報』、『中国画報』や『毛沢東選集』などの出版物や北京放送などの国際放送で、対日世論工作の宣伝がなされた。日本国内での暴力革命事件と文革期間が完全に重なっている。

「天安門事件」は、1989年6月4日に勃発した。北京市にある天安門広場に学生たちを中心に民主化を求めて集結していたデモ隊に対し、軍隊が武力で鎮圧し、多数の死傷者を出した。多数の戦車部隊の武力行使や、踏みつけられた死体の写真が世界中に報じられた。この弾圧で、数万人が殺されたとの推計がある。

その後、中共独裁の悲劇のいくつかは世界が報じた。天安門事件、チベット仏教の弾圧、南モンゴルの土地収奪、ウイグルでの核爆発災害、ウイグル人や法輪功など無実の囚人からの臓器狩りと移植ビジネスなどの暗部を、世界の大多数はそれとなく知っている。

当然、大江氏もその暗部の報道を知っているはずだ。にもかかわらず、１９６０年と１９８４年に訪中した。

さらに、天安門事件後の２０００年9月、ノーベル賞作家となった彼は、中国社会科学院外国文学研究所の招きに応じ、北京を訪れた。

彼は、「今度の中国行きでは、若い世代の率直な意見を聞きたい。未来に向かうあなた方にとって、日本人は信頼に値するのか。アジア人にとって日本人は信頼に値するのかどうか。そして世界の人々にとって日本人は共に生きることのできる存在なのか……」と語っていた。

この気持ちは、香港の民主主義が死んだ２０２０年でも、大江氏の心にあるのだろうか。世界の大多数の人からすれば、中共は信頼されない存在だ。他国の発明を奪い、模倣品を製造する多数の工場。周辺国へ武力行使し、圧力をかける存在。尖閣諸島は中共のものだという。

武漢で発生した、さらに言えば、発生させた新型コロナウイルスの感染爆発の事実を隠蔽し、世界中にバイオハザードを巻き起こした張本人。

しかし、彼は中共が大好きだ。一般の人には理解不能の信念の作家は、間違いなく危険な「木馬」である。

日本の欠陥、占領憲法と原子力規制委員会

マッカーサー占領憲法のまま、憲法を改正できない、自虐史観に染まった日本では、中共が送り込んだトロイの木馬はのびのびと自由に活動している。長年、日中友好が叫ばれ、上野公園には可愛いパンダを見るために家族連れが群がる。

古代チャイナを学んできた日本では、スパイの拠点となる「孔子学院(こうしがくいん)」を無警戒に受け入れた。左傾化している北海道には、多数のチャイニーズが観光と称して来道する。そうした中、チャイナ資本で広大な面積の土地が買収された。その面積は静岡県に匹敵する。千歳の自衛隊基地に隣接する土地にチャイナ向けの住宅街まで建設されたのは、さすがにまずい。

2020年の雪まつりに、チャイニーズ観光客を受け入れた北海道では、武漢コロナウイルスが感染拡大した。これらを招いた道知事の責任は重い。北海道の「木馬」である。

日本国内では、全原発を停止させ電力不安定化、研究用の高速増殖炉もんじゅ廃炉決定、ガラス固化体地層処分を阻止、核燃料サイクル推進を阻止、占領憲法を改正させない、スパイ防止法反対、軍拡に突き進む共産国家と手を結びながら、自国の国防技術開発を妨害する日本学術会議

とそれを工作する日本共産党、道徳教育に反対する活動など反社会的な行動が近年、顕著である。それにもかかわらず、複数の報道機関はトロイの木馬化しているために、国民には単なる意見の相違にしか映らずにいる。これこそが日本最大のリスクである。

トロイの木馬を見抜く判断規準は、明快である。国益、国防、進歩、自由と民主主義、日本の伝統だと私は考えている。1万6千年前に始まる縄文時代を背景として伝承されてきた、世界最古で先進的な唯一の国家の誇りは特に重要な判断規準となる。太古より、日本は世界平和に貢献しており、特に科学技術による貢献は現代において顕著である。日本文明の精神は和であり、真実と正義で結ばれた和の力。（『誇りある日本文明』）

日本の原子力規制委員会は全原子力発電所を全て一旦停止させ、新規制基準を作成し、平成25年7月8日に施行した。この基準を満たすために、莫大な資金を必要とする改良工事が要求される。これにもとづいて再稼働の審査が始まった。

東京電力福島軽水炉型発電所の放射線事故で誰も死んでいないのは事実である。電源喪失した原子炉が冷却不能になり、過熱したが、冷却機能を復旧できなかったのは、必ずしも東電の責任ではない。原子力災害特措法で規定した国の災害対策本部長である菅(かん)直人総理の責任である。彼の無策と暴走については、私が考察している。（『福島　嘘と真実』『決定版　福島放射線衛生調査』）

震災前に60基あった原子炉のうち、令和2年11月時点で、再稼働が許可されたのはたったの9

基である。しかも発電稼働中は1基しかない現状（令和3年1月時点では3基）。この原子力の平和利用に対する過剰なまでの規制。その異常性に自ら気がつかない規制委員会の存在は謎過ぎる。日本経済へのマイナスはもちろん、原子力発電所立地県の地域経済は疲弊する。これこそ日本国内にある巨大なトロイの木馬である。

自国を破壊し続ける巨大ロボット木馬が原子力規制委員会である。この反日規制委員会を規制できていないリスクに、国民は気づいていない。この問題を最初に指摘したのは、中川八洋（やつひろ）筑波大学名誉教授であった。（『原発ゼロで日本は滅ぶ』）

田中俊一初代原子力規制委員長が、日本原子力学会2020年秋の大会で、論文「日本の原発はどこへ行く」を発表した。元民主党政権が原子力村に突如誕生させた、三条委員会である原子力規制委員会は、府省の大臣などから指揮監督を受けず、独自に権限を行使できる権力機関である。当時の内閣総理大臣に任命された初代委員長の田中氏が、核エネルギー技術開発に対し、否定的な本音を語った。

私は暴走する原子力規制委員会を監視すべしと強く思うひとりの学者として、初代委員長田中氏の論文を読んで驚いた。遅れに遅れている日本の原子力発電所の再稼働申請の審査、さらに廃炉にさせられた原子力施設の多さの原因を、その論文に見た。

核エネルギーの平和利用に対する「規制第一主義」と、そもそも「核燃料サイクル技術開発に反対」する思考が、規制委員長にあった。田中氏の個人的思いが、前面にあらわれた彼の論文である。日本および世界のエネルギー問題解決に思いを馳せることもない、その分野に長年いた専門家とは思えない発言の数々である。

私は原子力業界の外側にいる科学者であるが、原子力による日本文明の維持発展を強く願う立場である。日本愛である。核燃料サイクル技術の開発は、人類にとって必要な課題と確信している。

以下、田中氏の主要な論点を批判する。（全文はネット上の『紙上討論』http://rpic.jp/ 参照）

田中氏は、主要電力会社と経済産業省が初期より推進する核燃料サイクルに対して、「半世紀もの間、莫大な予算を費やしても、いずれの技術も実用に達していない」と言うが、各構成技術自体に根本的な問題があるわけではない。現規制委員会が掛ける過剰なブレーキ、立地県での合意形成に要する長い年月、反対派が起こす運動と訴訟裁判の年月、日本では本来の技術以外の案件にとてつもなく長い時間がかかっている。そのことを、規制委員長ならば、当然、認識しているはず。

しかも、これら新技術開発予算の多くの財源は、電力の売り上げから捻出される、エネルギー対策特別会計・電源特会である。電気の売り上げは、年間およそ21兆円、核エネルギーサイクルの研究開発に、その2％を充（あ）てたら、年間4千億円である。将来の国家の重要エネルギーを担う研究開発費に、電気代の２％くらい当然である。それを民間の努力で行っている。それを批判するのは筋違いだ。

田中氏は「１Ｆ（いちえふ）事故は、原発事業者を中心に繰り返されてきた『安全神話』の虚構を白日の下に晒（さら）し、原子力の安全規制についての国民・社会の信頼を完膚なきまでに失墜させた。そうした状況の下で、２０１２年９月に原子力規制委員会が発足し、翌年７月にいわゆる新規制基準が施行された。新規制基準では、様々な自然の脅威やテロや人的ミスなど想定しうる全ての要因に起因する重大事故を防止することと同時に、事故の拡大を防止するための対策を事業者に求めている」と、全ての責任を民間企業に転嫁している。

水素爆発事故は、東京電力の責任ではない。国の原子力災害対策本部の緊急時対応が欠落したことが主原因であり、決定的な失敗だった。その最大の失敗は、炉心冷却機能を喪失した福島第一原子力発電所に対し、非常用電源と非常用ポンプの空輸を、自衛隊を用いてしなかった点にある。これが瞬時にできるのは、政府災害対策本部しかない。この作戦はさほど難しくはない。それを実行さえしていれば、炉心溶融は防げたし、水素爆発も起きなかった。

政府対応の事実経過を議事録でみれば、いかに怠慢だったかは明白である。国防意識を欠いた政権だから、当然の成り行きとも言える。

原子力災害対策特別措置法（原災法）に基づき東京電力が政府へ通報してから、菅直人内閣総理大臣が福島第一原子力発電所に係る原子力緊急事態宣言を発するまでに、3時間21分を要した。本部は、その時点で炉心冷却電源を喪失し、8時間経過以後に炉心溶融が始まることを把握していた。

「第1回原子力災害対策本部会議議事概要」には、アメリカ・ルース駐日米国大使から、米軍が非常用発電機を提供するオファーがあったことが記録されている。福島軽水炉事象でさえ、事故対策本部がしっかり機能していたならば、自衛隊の力で、現地に非常用電源やポンプを空輸し、冷却機能を短時間で復旧できたはず。こうした対応をしなかったのは、時の民主党政府の失策である。

核エネルギーという国家の重要電源だからこそ、政府に原発の安全を維持する機能が求められている。そのために、原災法があった。水素爆発となった福島軽水炉事象の主原因は、政府のこの機能が働いていなかったからである。規制委員会がこれに目をつむり、電力会社の技術改良だけでリスク回避を要求することこそ、重大な欠陥ではないか。これでは、核エネルギー施設に起きるかもしれない想定外の事象に、国家として対処できない。

国防も同じである。政府には、国民の生命と財産を守る責任がある。敵国が弾道ミサイルを発射するときに、憲法9条を突き付けても意味がない。民間にミサイルが飛んでくるから気を付けろと責任転嫁もできない。いかなる有事でも、政府の責任は重大であり、先頭に立たなくてはならない。原災法とは、そうした政府の責任を規定した法律でもある。あの時の政府や初代の規制委員会の言動はバカバカしい限りだ。

脱原発派たちから、私は「御用学者」呼ばわりされ、「死ね」と脅迫されてきた。ガラス固化体地層処分の文献調査に手を挙げた北海道寿都(すっつ)町長宅へ火炎瓶を投げ込んだテロもそうである。日本から核エネルギー技術を奪おうとする勢力こそ、危険な「トロイの木馬」だ。

核エネルギー技術の「推進」と「規制」の合理的なバランスが国家として求められる。日本は、「規制第一主義」を、国家の軸に据えたわけではない。政府は、行き過ぎた「原子力の規制」を監視し、是正する力を発揮すべきだ。これが、田中論文を読んでの、私の結論である。

トランプ大統領が木馬を粉砕

2020年はアメリカのトランプ政権と中共とが激突した年である。トランプ米政権が香港政府トップの林鄭月娥(りんていげつが)行政長官や中国共産党高官に対し、香港の政治的自由を抑圧したとして8月7日に制裁を発動した。

新疆(しんきょう)ウイグルでの人権侵害問題についても7月、同自治区トップの陳全国・共産党委員会書記らに対し、査証（ビザ）発給制限や米国内の資産を凍結。

8月13日、アメリカの国防権限法が施行され、チャイナ企業排除の第2弾が実行された。規制対象は、通信機器大手の華為技術（ファーウェイ）と中興通訊（ZTE）、監視カメラの杭州海康威視数字技術（ハイクビジョン）と浙江大華技術（ダーファ・テクノロジー）、特定用途無線大手の海能達通信（ハイテラ）の5社。該当5社製品を使用する企業と米政府との取引を禁止した。

さらに米国は、5G（ファイブジー）ネットワークから中国を徹底排除する「5Gクリーンネットワーク構想」を打ち出した。これは「Clean Carrier」「Clean Store」「Clean Apps」「Clean Cloud & Clean Cable」を認定し、それらだけでつくられた安全なネットワークを自由社会に構築するという計画だ。

こうしてアメリカ国内の中共帝国が作ったトロイの木馬は粉砕された。

第一章

ダモクレスの剣(つるぎ)

——中共が弾道ミサイル発射

中共の核軍拡を背景に、２０１９年8月2日に米露の中距離核戦力全廃条約が失効した。この条約は射程が５００キロメートルから５５００キロメートルまでの範囲の核弾頭および通常弾頭を搭載した地上発射型の弾道ミサイルと巡航ミサイルの廃棄を求めていた。条約が定める期限である１９９１年6月1日までに合計で２６９２基の兵器が破壊された。内訳はアメリカ合衆国が８４６基、ソビエト連邦が１８４６基だった。条約下では両方の国家は、互いの軍隊の装備を査察することを許された。

米ソ冷戦終結後に台頭した中共の核軍拡の前に、米露間だけの核軍縮に全く意味はないとの判断はうなずける。２００基以上の弾道ミサイルを配備する中共は、日本にとって最大の脅威であるが、アメリカも同様だ。

この条約の失効を決断したのは共和党のアメリカ第45代トランプ大統領である。その前の民主党の第44代オバマ大統領は「核兵器なき世界の実現」と発言し、中共の台頭を結果として許した側にあった。

ロシアとアメリカは巡航核ミサイル発射実験を再開し、核軍拡競争が再燃した。その直後、２０１９年8月8日、ロシア北部のネノクサ軍事施設で起きた爆発で、５人が死亡した。

トランプ米大統領は8月12日ツイッターで、爆発事故はロシアの核力推進式巡航ミサイル「9

M７３０ブレベストニク」の実験中に発生したことを示唆した。核エネルギーを推進力とする巡航ミサイルが米露で開発中にある。さらに、ＧＰＳ通信衛星網を破壊する宇宙戦争のリスクも高まっている。

私は、この事故のニュースを受けて、聞こえてきた放射線線量値から、核分裂量を推計した。核分裂量ＴＮＴ換算で75トンという結果を、その年12月に仙台で開催された日本保健物理学会で報告した。

君主ディオニュシオス2世とケネディ大統領

紀元前4世紀初頭、古代ギリシャ文化圏内にあったシケリア島にて全島を支配下に収めて繁栄を謳歌する植民都市シュラクサイがあった。

全シケリアを統治する君主ディオニュシオス2世に臣下として仕える若きダモクレスは、ある日、君主の権力と栄光を羨み、追従の言葉を述べた。

すると後日、君主は贅を尽くした饗宴にダモクレスを招待し、自身がいつも座っている玉座に腰掛けてみるよう勧めた。ダモクレスが玉座に座ってみたところ、ふと見上げた頭上に己を狙っているかのように吊るされている1本の剣のあることに気づいた。

剣は天井から今にも切れそうな頼りなく細い糸で吊るされていた。ダモクレスは慌ててその場から逃げだした。

ディオニュシオス2世は、ダモクレスが羨む君主という立場がいかに命の危険を伴うものであるかを譬え(たと)で示し、ダモクレスはこれを理解した。

私は高専時代の英語の教科書の中で、このギリシャ神話を学んでいた。

現代では、「ダモクレスの剣」のたとえ話は、常に身に迫る一触即発の危険な状態をいう。幸福な生活や社会に、こうした事態を激変させる大きなリスクがあるのだ、という教えである。

アメリカの ジョン・F・ケネディ大統領が、1961年9月25日に国連総会で行った演説のなかで、この言葉を使い、偶発核戦争の危険について述べたことから、特に有名になった。

日本列島に吊るされたダモクレスの剣

東京都品川区にはエドワース・モースが横浜から東京へ向かう汽車の窓から発見して調査し、後に日本考古学発祥の地となった縄文遺跡の大森貝塚がある。隣接する大井海岸町に1954(昭和29)年4月3日、私、高田純は生まれた。

空襲の傷跡も少し残る都内で昆虫採集し、絵を描き、そして伝書鳩レースをして育った幼少時代だった。

青年期に、電気工学を高専で学びながら、都内や周辺の山々を歩き、大学で物理学を修めた。

広島大学大学院理学研究科で原子核実験を学び、昭和20年8月6日にあった広島市上空での核爆発に私は関心を持った。

１９８１年、文部省附置研原爆放射能医学研究所で、広島に降った放射能「黒い雨」の濃縮ウラン同位体を研究した。その後、広島での核爆発の源流となった米国シカゴ大学で１９８６年に客員研究員となった。その同じ年、世界を震撼させた黒鉛型原子炉崩壊となったソ連ウクライナ共和国チェルノブイリ原子力発電所事故が起きた。

これが契機となり、ソ連崩壊後の１９９５年、母校の研究所に新たに発足した国際放射線情報センターの助教授となり、旧ソ連領を主に、世界の核災害地の放射線調査を行った。それは、ソ連、アメリカ、中共、そして北朝鮮の核実験に及んだ。

また平和利用である原子炉事故、チェルノブイリ黒鉛炉、東海村ウラン燃料加工施設の臨界事故、福島軽水炉事故の現地調査を実行した。こうして私は、核災害科学の専門家として育っていった。

２００1年9月11日、アメリカ中枢を襲った同時多発テロ事件以後、私は日本が核兵器テロや弾道ミサイル攻撃を受ける事態に備える新たな研究を開始した。そうした中、私は札幌医科大学医学部物理学教授に就任した。２００４年2月のことである。

当初、携帯型の小型核弾頭が都心のビル内で炸裂する核兵器テロのシミュレーションを行い、防護法を研究した。この成果は、講談社から執筆依頼された著書『東京に核兵器テロ！』に書かれている。

これが初代の国民保護室で話題になり、教授就任の同年10月に総務省で特別セミナー講師に招聘された。その防護法は国民保護基本指針の中に取り入れられた。Ｊアラート（全国瞬時警報システム）の配備はその成果である。

次いで、ソ連崩壊後、台頭してきた中共の日米を標的とした弾道ミサイルの核爆発災害と防護の研究を私は行った。長崎級20キロトンと大型１メガトンの弾道ミサイルが首都東京上空で炸裂した場合をシミュレーションしたものである。

前者は、２００６年12月、産経新聞が一面で報じた。ちょうど北朝鮮の核武装が顕在化した年である。

後者は、中共の軍事脅威が日本にとって無視できない水準になってきた２０１７年に、同じく産経新聞社『正論』８月号に掲載された。ただし、正論編集部からの要請は、あくまで北朝鮮の核武装を想定したものであった。しかし、私は、中共の核を想定したシミュレーションを行っていた。

21世紀の日本上空には中共が配備した国家を破壊するダモクレスの剣が多数、吊るされている。２０２０年時点で、中共は２００発の核弾頭を保有している。

「東風21号」は核弾頭を搭載する中距離弾道ミサイルである。射程距離およそ2千キロメートルで、約70発が配備されており、日本列島の大部分を射程に収めている。人民解放軍のロケット軍が運用している。

しかし、それに気づかない人々と、見せないように工作するトロイの木馬たちが情報を支配する悲しい日本の状況だ。まさに残念な日本国民。この問題にいち早く気がついた私は、科学的に予測した最悪の事態を、日本社会へ警告した。

シミュレーション、東京に弾道ミサイル！

C国が沿岸から3発の弾道ミサイルを、日本海方向、東シナ海方向へ同時に発射した。標的は、東京、ソウル、そして沖縄米軍基地。20XX年7月X日午前11時0分のことである。

C国は1964年10月のタクラマカン砂漠での核実験成功以来、弾道ミサイルを開発し、極東に配備してきた。もちろん、その標的にはアメリカのみならず、韓国、日本も含まれている。

2020年に発生した武漢コロナウイルスで全世界が新型肺炎感染に襲われ、C国以外で197万人が死亡し、全世界で3千兆円の経済損失となった。C国内の死亡数はわずか4600人だと共産党政権は報告するが誰にも信用されていない。実数は1千万を超えていると携帯電話の解約数から想像されている。これを契機に、暴走するC共産独裁政権に対して、アメリカを先頭に、イギリス、日本、オーストラリア、インドからなる包囲網が形成された。

そうした中で、20XX年7月、尖閣、沖縄へのC軍の武力侵攻が勃発し、日米同盟軍との間で戦闘が始まった。ただし、今回のC国の弾道ミサイル発射は、中共ロケット軍の暴走であり、共産党政権の意志に反していた。

それだけ、共産党内部の権力闘争が激化していたのである。その時、C国主席は脳梗塞で緊急手術を受けていた。人民の生活は疲弊していた。

当日、尖閣諸島に侵攻したC国との軍事衝突が発生するなか、衆議院では同盟国と歩調をあわせ軍事リスク対策として、敵国ミサイル発射基地攻撃法案の採決が予定されていた。

野党は、法案成立に反対し、牛歩戦術の最中だった。

日本は既に核武装するための技術力はあるが、核兵器を保有できていない。国内のトロイの木馬たちの反対にあっていた。すなわち、敵の核攻撃に対する抑止力を保有していなかったのが最大の悲劇である。国民は広島と長崎の真の教訓を学んでいなかった。

日本海に展開していた日米のイージス艦は、敵の発射から1分後、3発の弾道ミサイルの発射を確認した。その時、敵ミサイルはロケットエンジンを燃焼し加速するブースト段階にあった。

まもなく、両国のイージス艦は迎撃ミサイルSM-3を発射した。

ほぼ同時に、日本列島全土にJアラートが鳴った。敵の発射から3分後である。

今回の被攻撃事態を想定していた防衛省は、自衛隊法第八十二条の三（弾道ミサイル等に対する破壊措置）に基づき、一連の防衛行動を実行した。

迎撃ミサイルの発射1分30秒後、各弾頭から再突入体が放出され、大気圏外を慣性運動で飛行する段階になった。その後、再突入体は、最高高度３００キロメートルを通過し、音速の6倍の速さで放物線を描いて飛翔を続けた。

自衛隊は発射の確認直後よりミサイルの軌道計算を開始した。関東方面への着弾を予測できたのは、発射から4分後であった。

沖縄を狙った弾道ミサイルは、米軍によって撃ち落とされた。米軍基地は無傷だった。しかし発射から4分後、最初に、1発の核弾頭がソウル上空で炸裂した。

敵発射から2分後に内閣官房危機対策室は、防衛省からの第一報を受けていた。その1分後、情報は、議事堂内にいる羽柴防衛大臣を介して、西郷総理へ伝えられた。

「迎撃ミサイルの準備はどうだ」と西郷がたずねると、

「日米ともに、イージス艦からＳＭ‐3が発射されました」

「ＰＡＣ3迎撃ミサイルは市谷で、すでに発射態勢にあります」

「3発が発射されたとのことだが、迎撃はできるのか」

「既にＳＭ‐3の1発が命中しています」

「その他はどうだ」

「今、1発がソウルで炸裂しました」

「軌道計算の予測から、1発が関東方面に着弾する模様です。日本への全飛翔時間は10分以内ですので、迎撃は容易ではありません」

「いずれにせよ、分単位で決着するな」（西郷）

「今、情報が入りました。1発が東京に向かっており、4分以内に着弾する模様」（羽柴）

Jアラートが鳴り響く議場内で、西郷は叫んだ。

「議長、議員の皆さん、C国が3発の弾道ミサイルを発射しました。1発が東京に向かっています。すぐに地階へ退避してください」

野党の議員たちは、「9条を護（まも）ってきたのに、あああ…」と天を仰いだ。そして、牛歩の列から我先にと逃げだした。

最後の1発が東京に向かった。国民保護警報Jアラートが関東一円のスマート・フォンで鳴る中、ダモクレスの剣が天から落ちてきたのだ。

直径1000メートルの火球出現

大日新聞政治部記者の平岩は、地下鉄・銀座線に乗っていた。国会開期中で帰宅が遅い日が続

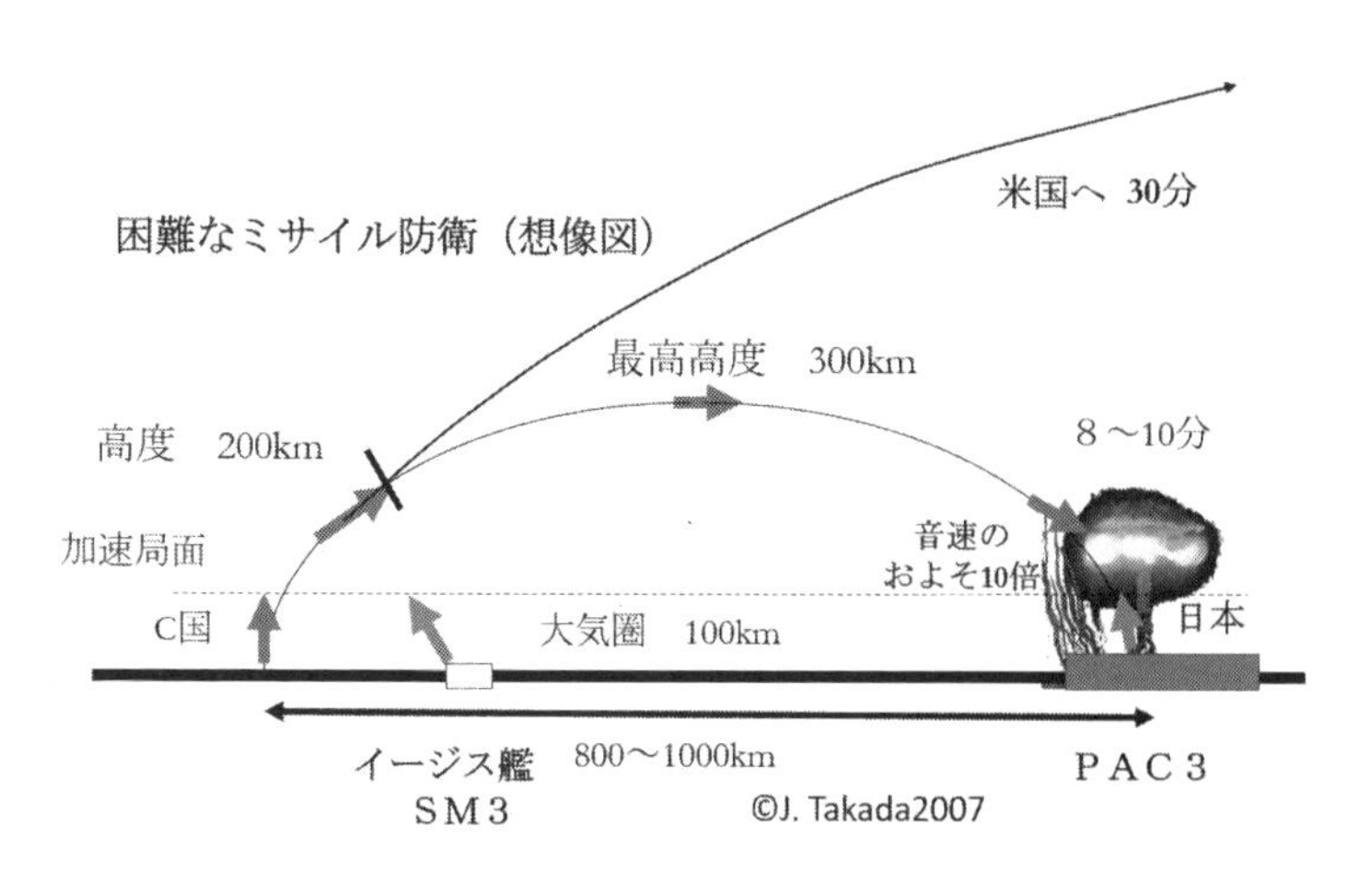

弾道ミサイル攻撃事態と迎撃ミサイルの軌道

いている。朝のラッシュアワーも過ぎていたので車内は比較的空いている。何気なく広告を見ていると、突然スマート・フォンで警報が鳴った。

北朝鮮のミサイル発射実験で、全国民が耳慣れていたＪアラートであった。車内放送では、国民保護警報だと言う。電車は新橋駅で停車した。

ドアが開いて多くの乗客とともに、ホームへ出るやいなや、ゴーと唸る熱風を感じた瞬間に平岩は意識を失った。

ＴＮＴ火薬換算で威力１メガトンの核弾頭が都心上空で炸裂した。首都は閃光に包まれ、真っ白になった。

爆発点は赤坂にある東京テレビ放送センターの上空２４００メートルである。その時刻はJアラートから7分後。すなわち、1400キロメートルの距離を10分でC国の弾道ミサイルは飛んで、日本の中枢を襲ったのだ。

天空から落下して核が炸裂する直前の弾頭の速度は音速の10倍。それに対して自衛隊は市谷から、計画通りにPAC3（パック スリー）迎撃ミサイルを連射したのだが……。

核弾頭内部でプルトニウムの核分裂連鎖反応が生じ、太陽のような閃光を放つと同時に、弾頭内部の水素が高温プラズマになり、核融合反応を生じ、炸裂した。こうして直径1000メートルの火球が、都心上空に出現した。閃光には、核が放つ眼には見えない高エネルギーの放射線であるガンマ線と中性子が含まれていた。

炸裂した弾頭周囲の空気は超高圧となって衝撃波を作りだし、それが音速以上の速さで四方へ伝播した。それを受けて、直下のテレビ局の他、パークヒルズにある36階建ての高層ホテル、霞が関ビル、八本木ヒルズなどの高層ビルなどは一瞬に瓦解（がかい）した。

爆心地すなわちゼロ地点を中心に広がった高速の衝撃波に、都心の建造物と人々は、息するまもなく、次々にのみ込まれ、崩壊した。その中には渋谷のNHK放送センターも含まれる。西新宿にある高さ243メートルの都庁舎、押上の高さ648メートルの電波塔スカイタワーは、窓ガラスが粉砕し、壁は吹き飛び、高層階から人々が空中へ吹き飛ばされながら破壊された。

14キロメートル離れた吉祥寺の人たちは、閃光〝ピカ〟を感じた。それから40秒ほどして、大きな爆音〝ドーン〟を聞くと同時に、窓ガラスが割れ、驚かされた。

音源の方を向いた人たちは口々に叫んだ。

「核爆発だ、巨大なキノコ雲が上空へ昇っていくぞ！」

「娘が丸の内で働いているんだけど、ああ〜」

「心配してたんだ。尖閣で軍事衝突の危機があるのに、野党は国会ではどうでもいい質問ばかりして」

「奥さん、背中が血で真っ赤ですよ！」

割れたガラスが刺さった怪我人が吉祥寺の街にいた。階段から転がり落ちて亡くなった人もいる。閃光を直接見た人は、顔面が第二度の熱傷で、水泡が生じた。

羽田国際空港でも、吉祥寺と同じくらいの衝撃波と閃光に襲われた。旅客ターミナルのガラス面が割れ、管制塔のガラスも割れて、多数の人たちが負傷し、一部の人たちは死亡した。地上の航空機は被害を受けなかったが、空港機能は完全に麻痺した。

羽田に向かっていた旅客機は、Ｊアラートを受信して退避行動をとり、難を逃れることができた。

首都崩壊の中で

地上を走るＪＲの電車は脱線し、乗客たちは吹き飛ばされた。東京駅をはじめ、首都圏の駅舎は破壊され、完全に機能停止になった。このため、各新幹線の運行も大きな影響を受けた。都内を走っていた10万台の車は衝撃波に吹き飛ばされ横転した。首都高速を走っていた大多数の車は、地表へ落下した。

歩いていた都内の１００万人を超す人たちは閃光を浴びた後、ガラス片が顔面に突き刺さりながら吹き飛ばされた。地下街にいた人も吹き飛ばされた。

高圧になった空気が外側の空気を遠方に向かって押し出していくために、ゼロ地点は一瞬、真空になった。核の火球が上空に昇っていくと、それに合わせて上昇気流が発生した。次の瞬間に、押しやられていた空気がゼロ地点に戻った。粉砕された建物の様々な材料や粉塵は天空に昇っていった。

こうして、過熱した可燃物、ガソリン車などが一斉に燃えだし、山手線内は火の海と化した。そして火災は同心円的に広がっていった。その火は誰も消すことができない地獄の炎だった。それは中野区、台東区、大田区などの方にも広がった。

地下鉄のホームで平岩は目を覚ました。多数の人々が倒れており、うめき声が聞こえる。蛍光灯は全て破壊され、飛び散っていた。ＬＥＤの非常灯が地下をぼんやりと照らしだしている。一部の車両ではガラスが割れていた。脱線はしていないようだ。彼と同じように起き上がるものも多かったが、既に事切れた者もいるようだった。

「いったい何が起きたんだ」

「C国がとうとう、核を発射したんじゃないのか」

「しばらくこのまま停車を続けます。線路は危険ですので、絶対に降りないでください」と駅員の声が聞こえた。

「Jアラートを鳴らした後、政府は何をしているのだ」

平岩は、弾道ミサイルが東京で炸裂したものと直感した。新聞記者の彼は、地上の光景を見たかった。階段を昇り、改札を出た。薄暗いホールを抜けて、地上に出る階段に近づくと、多数の人が倒れていた。吹き飛ばされ即死状態の人が多かった。仰向けに倒れて、両手両足を上に伸ばして震えている人もいた。

直射の閃光は受けなかったものの、50シーベルトを超す高線量を浴びて、中枢神経がやられている。

階段の上の地上開口部は暗くてよく見えなかった。目を凝らすと、地上部が崩壊して、瓦礫（がれき）が出入り口を塞いでいた。地下の生存者たちは閉じ込められたのだった。

平岩は身の危険を感じ、改札口へ戻った。札幌医科大学の高田教授が言っていた「核爆発の時は地下鉄で脱出」を思い出していた。

非常灯が各所に置かれ、少し明るくなっていた。地下鉄構内には、いつの間にか、陸上自衛隊員たちがいた。既に、自衛隊は被災者の救出にあたっていた。衛生隊員は怪我人の手当てをしている。

「東京は、C国から核攻撃を受けました。地上は破壊され、火災の他に、中性子誘導放射能で危険です。絶対に、外へ出ないでください。順次、地下鉄や地下道により、退避いたします。地下鉄を乗り継いで、遠方へ脱出します」

と、隊員がハンドスピーカーで繰り返しアナウンスしている。

陸上自衛隊は、核攻撃事態に備えて、フランスのように、地下鉄運行による被災者救出の訓練を重ねていた。隊員たちも地下鉄の運転に加わっている。車両は徐行しながらも、確実に多数の被災者たちを郊外へ輸送しはじめた。

平岩はしばらくホームで待った。スマホは、繋がらなかった。地上の情報通信システムは全滅している。20分待って車両に乗り込むことができた。時速10キロメートルほどの速さでゆっくりと車両は進んだ。核爆発時の電磁パルスの影響で、地下鉄運行制御システムが不能状態にあった。全てが、手動運転になっている。

車両は幾つかの区間を往復するだけで、終点の駅までは走らなかった。複数の車両を乗り継がないと終点までは行けない。平岩は、三越前駅と上野駅で乗り継いで、終点の浅草駅に午後1時にたどり着いた。

地上に出ると、快晴だったのに、辺りは薄暗かった。もの凄い粉塵が降っている。吾妻橋の上から南西の空を見ると全体が真っ赤に染まっていた。大火災である。

「橋を渡って、墨田区方面へ避難してください」と地下鉄出口に立つ自衛隊員が誘導している。

上野方面からは、多数の被災者たちが、東に向かって歩いている。真っ赤な腕からは何か垂れさがって見える。よく見ると、それは火傷で剥がれた皮膚だった。

東を見るとアカマビールの銀色の泡の像は無かった。隅田川を渡り、火の手のない東へ向かって歩いた。路上には消防車が待機している。上空には自衛隊のヘリが飛んでいる。スカイタワーを見上げると、展望ホールが破壊され、骨組みだけになっている。タワーは傾き歪(ゆが)んでいた。

しばらく歩くと、立花高校の校庭に、自衛隊の救護所が見えた。救急車は重傷者を収容して発車した。こうした事態を想定した自衛隊の作戦があったことに気づき、平岩は少しホッとした。

地下要塞から反撃

衝撃波による建造物被害は都内の広範囲に及んだ。ゼロ地点から半径8キロメートルの範囲は炎上した。地上を走る電車は、5・9キロメートルまで脱線し、著しく損傷した。車は4・5キロ

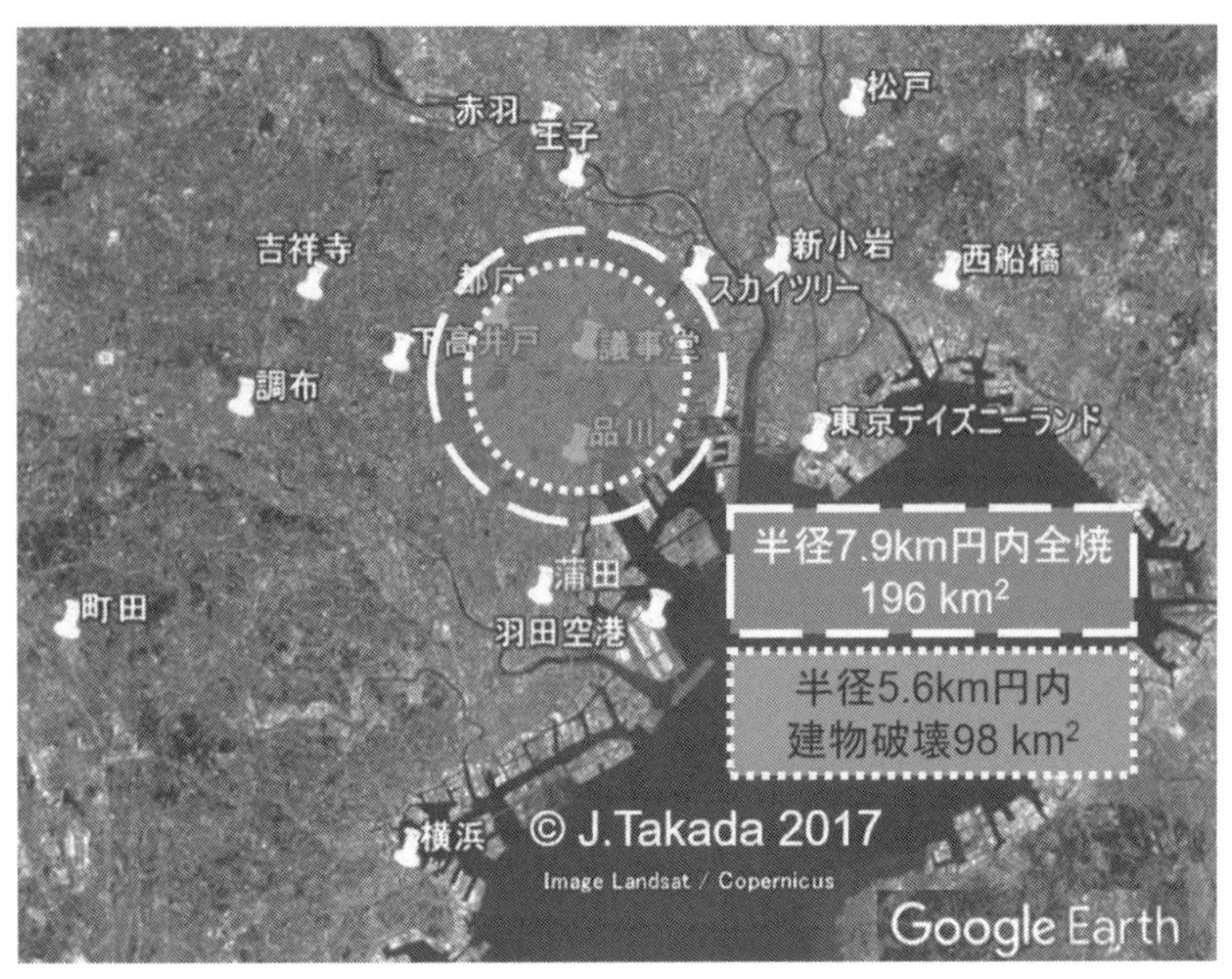

東京1メガトン核弾頭被害

メートルまで横転した。

現代建築は地震に対しては対策が強化されたが、衝撃波には無力だった。地震対策として建物の重心移動を抑えるように設計されているが、衝撃波は外壁を進行方向へ押す作用となる牽引力となる。

窓ガラス面積の少ないコンクリート建物は全体が衝撃波で包まれて圧縮力を受けることになる。これらのために、地震対策は衝撃波対策とはならないのだ。

軽量化した薄い外壁は竜巻被害のように衝撃波で吹き飛んだ。また、高層建築は牽引力により押し倒されたのである。さらに、上から下へ向かう衝撃波で、各階は押しつぶされて瓦解した。

日本最強の地上構造物は、国会議事堂

と原発の分厚いコンクリート製の原子炉格納容器である。後者はジャンボジェット機が衝突しても破壊されないほど頑丈だ。

高層建築の壁やガラスは吹き飛び、多数の人たちが転落死した。10キロメートルまでは多くの人が飛び散ったガラス片が突き刺さり死んだ。11～19キロメートルの遠方でも、死亡者が発生した。

核爆発時の閃光を浴びた人たちは、露出部分の皮膚が、まもなく垂れ落ちた。肉が露出し苦しみもがいた。そして大多数の被災者は火炎の中で死んだ。

火災は半径8キロメートルの円内に及んだ。火災は徐々に激しくなった。周辺部からの冷たい空気の流入と、高温の空気の上昇気流がぶつかり、都心の各地で強い竜巻が発生した。その竜巻は、皇居の堀の水や神田川の水を巻き上げるほどだった。人々も巻き上げられていった。

都の上空に積乱雲が発生して雷が鳴り、2時間後には大雨が降りだした。ドシャ降りになった。7月の真昼なのに、寒くなってきた。脂っぽいねっとりした黒い雨だった。この降雨は、徐々に北西方向に移動した。井の頭公園の池の魚は大量に死んだ。

国民保護情報の主要な伝達は、官邸から各省庁へのパラボラ回線と、衛星中継である。しかし、都心の政府機関のパラボラアンテナは全て、衝撃波で破壊されてしまった。もちろん、都心の民放局、ＮＨＫ、そしてお台場にあるフジコテレビも破壊され、中央のテレビ放送機能は壊滅した。
議事堂内では、退避に遅れた多数の議員たちが倒れている。出席していた４８０人の議員のうち、地下の退避所へ逃げ遅れた25人が即死、50人が大怪我を負っていた。地階に逃れた人の多くは助かった。軽傷者と一部の重傷者は地下の避難所へ移動し、自衛隊衛生隊から応急手当を受けた。

一方、大半の重傷者は救出を待ったが、大火災の中で焼死した。本会議を欠席し都心にいたその他の議員はほぼ全員死亡した。都心にいた参議院議員の大半は死亡した。都心で最も堅牢（けんろう）な建造物が国会議事堂だった。特に、地階にいた多くの人たちや、地下の退避空間にいた人たちは助かった。

幸い主な閣僚たちは無事だった。国会議事堂、官邸、地下鉄は全て、秘密の地下通路でつながれている。核攻撃事態でも安全な退避所は造られていた。西郷総理たちはすぐに、官邸地下の安全な退避所に移動した。そこが有事の官邸本部になる。

西郷は、「国家緊急事態宣言」を発し、本部会議を開催した。地下の防衛省本部および総務省国民保護室は特別回線を使用し、会議に参加した。西郷は情報収集とともに、計画通りの被災者救済作戦の実行を発令した。

米国大統領と直通電話で会談し、すぐに、反撃の日米共同作戦を発した。この事態は想定されていたのだ。

３８０万人死亡、日米の反撃と日本の木馬粉砕

総理は着弾前に、不充分ながらも国民保護警報を発し、一部の都民たちは耳にすることができた。しかし、大多数の都民は知る間もなく、核爆発を無防備に受けたのだ。閃光を浴び、衝撃波で吹き飛ばされ、飛び散ったガラス片が突き刺さり負傷した人の数は９９０万。特に、目に突き刺さった人は苦しんだ。こうして、即死者と、瓦礫に埋まり動けなくなって焼かれた死者の数は３８０万に上った。その中には、急性放射線障害となって12月末までに死亡した者も含まれている。

被災地を脱出した生存者６１０万人は徐々に健康を取り戻していった。ただし、ゼロ地点から３・５キロメートル以内の近距離生存者に白血病の発生が始まった。被災後5年間で1千人が白血病になった。これは予想の範囲で、厚労省は被災者向けの医療制度を設けて対応した。

皇室と閣僚たちは地下退避所で難を逃れたが、政府機関の大半を、この一撃で失った。都内の大企業はもちろん、日本全体の経済は大打撃を受けた。

井伊都知事をはじめ都庁の職員はほぼ全員が死亡した。東京都の直接の建造物損失は2千兆円を超えた。

直後、日米はC国の軍事基地に加え、海上市に対して反撃した。敵の先制攻撃に対する同等の報復攻撃である。それには、南シナ海に建造されたC国軍事島も含まれていた。それは跡形もなく消えた。

首都京北市を攻撃しなかったのは、核兵器の所有者アメリカ本土が攻撃されていないからである。アメリカの原子力潜水艦は5発の核弾頭を、C国のミサイル発射基地などの軍事基地と海上市に発射して破壊した。人口2400万の海上も壊滅した。この時点で、停戦となった。

C国はアメリカ本土には核攻撃はしなかった。それ以上のアメリカによる報復核攻撃を恐れたからである。元々、C国政権は宣戦布告をしていなかったのであり、一軍部の暴発として事態を収めた。

首都壊滅となった隣国からの核攻撃事態を目の当たりにした日本国民は、国防に目覚めた。当然、直後に9条を取り消す憲法改正は実現した。そして、自主憲法の制定に向かった。日本は、日米同盟の範囲で、核武装に向かった。中距離弾道ミサイルと巡航ミサイルの配備が決まった。

もちろん、スパイ防止法と外国人土地取得規制が強化される法律も成立し、国内のトロイの木馬はおおよそ破壊された。この中には、C国中央電視台公司と通じていたNHKの解体や、赤日新聞の営業停止処分もあった。

隣国の核武装を容認しながら、日本国内の核エネルギー平和利用反対組織＝脱原発組織は消滅した。原子力規制委員会は委員が一新し、三条委員会ではなくなった。こうして、海外共産国家の工作員と連携する組織や要員は排除されていった。

私は、日本が隣国から弾道ミサイル攻撃を受ける事態を想定した研究を２００７年に開始していた。北朝鮮以上に、中共の脅威を知っていたからである。東京壊滅のシミュレーション＝ダモクレスの剣は、私が開発した核爆発被害予測計算方式・ＮＥＤＩＰＳによる1メガトン核弾頭空中爆発災害予測にもとづいたものである（『核爆発災害』）。２０２０年版シミュレーションは、近年のチャイナリスクを加味した。

東京の人口密度分布と核爆発致死率関数とから、被害人口を推計している。実在の施設の破壊は、衝撃波圧力値と米国の核実験の被害データからの予測である。被害額の推計は、大手ゼネコンに勤務する一級建築士の知人Ｋ氏から入手した単位面積あたりの平均建築費に予想した破壊面積を乗じた。

弾道ミサイルという21世紀のダモクレスの剣は、一発だけでも数百万人を殺戮し大都市を壊滅させる巨大リスクである。これを封じ込めるには、対等の武器保有による抑止力しかない。相手に撃たせないことこそが防衛の基本である。憲法９条は、無力であるばかりか、リスクを最大にする呪文であった。

福島軽水炉事故、スリーマイル島軽水炉事故では、誰ひとり放射線で死んでいないし、急性放射線障害も発生していない。私は国内の核エネルギー技術推進派の科学者で、反原発・脱原発派のデマを科学的事実に基づいて反論している。核エネルギーの平和利用の推進論を展開しながら、それを阻む過剰な規制のリスク、トロイの木馬問題を考察してきた。

第二章

「反原発」「脱原発」こそトロイの木馬

ここでは、しばらく私の研究経歴を、科学者としての熱い思いや核関連のトピックスを交えながら書いてみるので、お付き合いいただきたい（8頁ほど）。

私は、電気工学を高等専門学校で学びながら、休日に奥多摩や信州の山々を歩いた。特に、夏休みに友人と二人で実行した伊豆大島一周徒歩の旅の思い出は、後に医学物理学者となって世界の核災害地調査に向かう心の源流となっていた。私は物理学に高い関心を持ち、古典にはじまり、現代物理の初級まで、次々に大学の教科書を読んだ。

江崎玲於奈（れおな）博士が電子トンネルという量子論の研究で、１９７３年にノーベル物理学賞を受賞した。目の前に山が聳（そび）えている場合、その向こうへ行くには二通りある。山を登るか、トンネルを抜けるかだ。量子論では、小さな粒子が壁をすり抜ける確率がある。これを透過確率という。まさにトンネルである。

トンネルの量子論の最初の発見は原子核の内部から、ヘリウムの核＝アルファ粒子が核の持つ障壁を透過する現象である。これをアルファ崩壊という。ウランやプルトニウムなどの大きな核で生じる現象である。これらの核は、数万年や数億年に一回、核内からアルファ粒子がトンネル現象で、核の外へ飛び出すことになる。きわめて低い確率である。

江崎の場合、半導体中で電子がトンネルする現象を発見し、実用化したのだった。このノーベル賞が、私が電気工学から物理への道を選ぶきっかけとなった。

数百グラムのウランがあれば、ウランの核の個数は10の24乗個、1秭個になる。大きすぎてわからないほどの数である。身近な単位でいえば、1兆×1兆の数になる。例えば、ウラン同位体235（陽子が92個で中性子が143個、92＋143＝235）の半減期は7億年（およそ2×10の16乗秒）ととてつもなく長く、なかなか1個のウランは崩壊しない。しかし、数百グラムのウランの塊にとてつもない数の核があるので、毎秒、顕著な数のアルファ崩壊になるのである。

こうした量子論に私は高い関心を持った。

弘前の大学に進学し物理を学ぶことになると、津軽富士と呼ばれる岩木山や八甲田山を歩いた。単独登山を楽しんでいたが、遭難寸前になることがあった。それ以来、「登山という趣味で死ぬために生まれてきたのではない」と、単独登山をやめた。学究の徒として生きる決意は固まった。

黒い雨、濃縮ウラン、シカゴ大学、そして世界調査へ

世界で最初に核兵器の攻撃を受け不死鳥のごとく復活した広島市にある大学に進学し、私は原子核物理実験にむかった。理学部は千田町にあった。正門から真っすぐの学内の道の両脇には、海外から贈られたフェニックスの木が元気よく並んでいる。その先に、戦前からの校舎があった。分厚い鉄筋コンクリート製で、関東大震災クラスの地震でも破壊されない設計基準で建築されて

いる。だから、1945（昭和20）年8月6日の核攻撃でさえ、破壊されなかった。その歴史に耐えた校舎で、私は修業した。

博士課程後期に、原爆放射能医学研究所（原医研）障害基礎部門で、放射能降下現象となった黒い雨地域の濃縮ウラン同位体を比測定する研究機会を得た。金沢大学低レベル放射能施設の阪上正信教授からはウラン分離法を伝授いただいた。それが私の最初の論文となる。しかし多くの謎が残った。その問題が解けたのは、後年、世界の核災害地を調査してからだった。

私が広島に暮らすなかで、核爆発影響の研究に関心を持つのは自然な流れであった。「博士論文を仕上げるのは難しい」と指導教授の吉沢康和先生に言われたが、原医研での実験を認めていただいた。数年遅れたが、理学博士号をいただいた。

1945（昭和20）年8月6日、真夏の午前8時15分、米軍は人口31万の広島市上空高度9300メートルから核爆弾を投下した。上空600メートルでTNT火薬換算威力16キロトンの核爆発が起こり直径200メートルの火球となった。これが世界初の核兵器の戦闘使用である。一瞬の閃光熱線と、それに続く衝撃波で都市は半径2キロメートルの範囲で壊滅し、多数の人が死傷した。広島市によると、その年末までにおよそ14万人が亡くなった。

私の研究目的は、空中爆発後に発生した積乱雲から降った「黒い雨」に含まれていたはずの濃縮ウランの同位体をアルファ崩壊から発見することだった。真夏の太田川の水を火球が作り出した猛烈な上昇気流が巻き上げ、大火災の市内で燃えた木造家屋の煤、そして燃えた10万の人々から蒸発した大量の体脂肪を含む、粘っこい黒い雨が爆心地周辺と風下30キロメートルの範囲の楕円形の区域に降った。

爆心地周辺の広範囲から地表の砂が採取された。それに含まれていたセシウムの放射能が研究室では測定されていた。私は、同じ砂からウランのみを抽出した。それを直径2センチの薄いアルミ円板に電着させた試料を作製し、真空にしたガラスデシケーター容器の中で、ウランが崩壊して飛び出すアルファ粒子をエネルギー別に検出した。アルファスペクトラムという測定法である。

自然界のウランには、同位体の違いで、質量数234、235、238がある。ウラン爆弾は同位体235を濃縮してある。通常、自然界ではウラン238と234の放射能比率は1対1であるが、爆弾製造のため235を濃縮すると、同時により軽い234も濃縮される。したがって、爆弾のウラン燃料では、234放射能比率は1・0以上になる。

私は1981年から2年間毎日、実験室にこもった。広島の砂から抽出したウランが放射するアルファ粒子は確かに検出できた。ウラン鉱石からラジウムの放射能を発見したキュリー夫妻と似たような心境になった。こうして、広島の黒い雨地域に降った濃縮ウランの放射能を私たちは発見した。その間に、私は結婚し、男の子を授かった。

その後、広島を去った。医学物理の研究職を得るのは当時困難だった。私は妻子を養うため、放射線プラズマ雰囲気中で合成する半導体薄膜太陽電池の技術開発をする神戸の民間研究所に就職した。歴史的テーマから、最先端の現代テーマに切り替わった。１９８３年4月のことである。

広島では基町の高層市営住宅に地味に暮らしていた。神戸では、新入社員の私たち家族のため、瀬戸内海を望む高台にある閑静な住宅街にあるマンションを借り上げ、社宅として特別に用意してくれていた。ありがたい。企業の技術者としての意識は大いに高まった。

その年、薄膜太陽電池は、携帯カードタイプの電卓にいち早く採用されて、事業が開始された。研究としては、発電効率を上げることと、もう一つのベクトルは、耐候性の向上であった。私は、その後者のテーマの研究に取り組むべく手を挙げた。

当時の薄膜太陽電池は、蛍光灯では問題なく発電したが、直射日光では劣化した。そこで、耐候性試験を加速するために、ハロゲンランプの光を集光して、作製した太陽電池試料に照射した。すると、太陽電池は、性能劣化を超えて発電不能となった。その原因は、光照射というよりも、加熱にあると仮説を立てて、暗所のオーブンの中に試料をおいて耐熱実験を行った。すると、発電性能は、加熱により徐々に劣化し、最後は発電しなくなった。

この原因は、半導体薄膜上に形成した金属膜の原子が過熱で薄い半導体層へ拡散することが原因であることを、原子表面に加速したイオンを衝突させ削りながら分析する手法で突き止めた。

半導体形成技術は核放射線物理の研究で開発された様々な技術を駆使して開発されてきた。核兵器開発が最初に登場したが、文明の基盤はこうした先端技術無しにはありえないのだった。

半導体研究をはじめて2年目、金属拡散を抑える方法を思案していた。そのアイデアは突然、閃いた。数原子層程度の拡散を防止する層を、金属電極と半導体層の間に形成する原理である。それはシリコン原子と結合するクロムなどの原子からなるシリサイド層である。私は、これを拡散ブロック層と名付けた。厚みはわずか20オングストロームである。今の言葉なら、2ナノメートルの薄い層で、金属アルミ電極の半導体層への拡散防止に成功できた。これが、私の最初の発明となり特許になった。直射日光下で発電する携帯型の太陽光発電機が開発でき、ヨットなどに利用されるようになった。

原子層レベルで、任意の異種の物質を積層し新物質を合成する技術は、半導体分野では超格子とよばれ、江崎博士らが先駆的に研究していた時代である。私は、そうした先行研究の概念を、薄膜太陽電池にいち早く取り入れ、成功した。

半導体層、拡散ブロック層、金属層を交互に積層した新型薄膜太陽電池研究で、毎日深夜帰宅が続いた。だから、神戸の街中を散策する時間は私にはなかった。新技術の挑戦に熱中していた。

新人ながらも新技術開発に成功した私は、海外留学のチャンスを得た。大阪大学基礎工学部の濱川圭弘（よしひろ）教授の推薦をいただき、シカゴ大学ジェームス・フランク研究所フリッチェ教授の客員研究員として認められた。

1985年10月に単身、渡米した。その前日、京都大学で開催された応用物理学会の大きな研究会場で、耐候性のある新型積層型薄膜太陽電池の研究成果を発表した。会社の重役に京都の料亭で壮行会をしていただき、タクシーで深夜帰宅した。翌日、家族と同僚たちに、伊丹空港で見送られた。

神戸で2年半夢中で実験してきたが、気がつくと機内の人になっていた。残した家族のことを思い、涙が流れた。本人は研究ばかりで、娘も生まれた4人家族の生活面はすべて妻にまかせっきりで苦労をかけていた。この後、住宅を片付け、家財を社の倉庫に保管する大変な苦労を妻にかけてしまった。

翌年春になって、妻子3人が、オヘア空港に到着した。ミシガン湖畔に佇む築90年のアパートに部屋を借りた。日本からの留学生を長年お世話してくださった日系人のヤスタケご夫妻の紹介であった。多数のノーベル賞学者が誕生するシカゴ大学には、日本からの留学生や訪問科学者が多い。

斜め向かいのアパートには市長が暮らすので常時、市警のパトカーが待機している。市の南にある大学町ハイドパークは犯罪多発地区と聞いていたので、少しは安心できた。

留学生の暮らすインターナショナルハウスに私は数日だが滞在した。その時、朝のジョギングをしていた日本人留学生が、背骨が折られた死体で発見される衝撃の事件があった。大学病院内での発砲、レイプ事件も発生する大学町は油断できなかった。

シカゴ大学といえば、ノーベル賞のエンリコ・フェルミが１９４２年世界で最初に、黒鉛のブロックを積層した中で、ウランの核分裂連鎖反応の制御に成功したことで有名である。

物理学部には後年、素粒子の対称性破れの理論でノーベル賞となった南部陽一郎教授が在籍されていた。

私は、半導体積層膜形成の実験と、日本から持ち込んだパソコンで電気伝導の計算に夢中だった。ただし、休暇には五大湖一周やロッキー山脈越えのドライブ旅行を家族で楽しむ余裕もあった。

シカゴ大学滞在中に、ソ連チェルノブイリにある原子力発電所の黒鉛型の原子炉が暴走・崩壊する大事故が発生した。世界中に放射能が降るニュースが流れた。まさに、広島核爆発後に降った放射能の黒い雨と同じ現象が世界中で発生したのだ。

そうした中で、私の半導体積層膜の電気伝導実験は成功した。４論文ができ、アメリカ物理学会での研究成果発表も行い、1987年4月、帰国した。

それから4年後、チェルノブイリ事故を経てソ連は崩壊した。独立したカザフスタン共和国内の核実験場が公開されるようになった。

広島大学原爆放射能医学研究所には国際放射線情報センターが新たに発足した。同研究所の星正治教授から声がかかり、私は助教授として1995年8月に戻った。

10月には、カザフスタン北部のセミパラチンスク核実験場周辺の放射線線量調査に出発した。こうして、私は核爆発災害の研究を再開した。日本人の科学者として、歴史的使命を果たす時がきた。

研究は主に核爆発災害や原子炉事故災害での放射線影響や放射線衛生調査で、世界の主な事象を現地調査した。それは、旧ソ連、アメリカ、チャイナ、北朝鮮、日本と広範囲に及んだ。私はこうして核放射線災害の医学物理の全貌を掴むに至った。（『世界の放射線被曝地調査』、『Nuclear Hazards in the World』、『核爆発災害』）

日本の核燃料サイクルを「破壊」する脱原発テロ

令和新時代が始まって2年目の2020年、日本と世界が、チャイナ発の巨大リスクにのみ込まれた。武漢バイオハザード＝新型コロナウイルスによる肺炎感染拡大である。最初、朝鮮半島、イラン、イタリア、スペインに、そして日本、ヨーロッパ全土、そしてアメリカと、感染は世界に広がった。全世界が不透明な巨大リスクの存在に気づいた年。習近平の一帯一路はリスクロードだった。

全世界の感染死亡数はその年の12月末までに、チャイナ以外の世界で179万となった。しかし先進国G7の中で人口100万あたりの死亡率で比べると、日本は圧倒的に低く、防御率1位である。その背景には、安倍政権の3密防止、マスク配布、定額給付金などの迅速な指導力に加え、全国民の和で自粛、在宅勤務、そして医療人、輸送業などの業種の献身的な頑張りがあった。さらに元来、国民の衛生水準は世界最高位であることに加え、結核予防のBCG日本株の継続的接種が武漢コロナウイルスに有効に作用しているようだ。まだまだ、日本力は健在であった。

残念なことに、安倍総理は8月28日、体調不良により辞意を表明し、日本政治史最長の総理大臣の在職の幕引きとなった。アベノミクス経済政策は成功したのは間違いないが、国民生活は努力のほどには改善の実感がないようだ。

これに対して、私には意見があった。福島軽水炉事故直後に前政権がとった原子力発電を必要以上に規制する潮流に、反対の意見である。福島軽水炉では東電職員ですら、低線量のため、誰ひとり放射線障害で死亡していない。もちろん大多数が被曝線量1ミリシーベルト以下の福島県民も放射線障害を発症していない。

黒鉛炉事故だったチェルノブイリに比べ、福島の線量は1000分の1と低かった。地震波を検知して、稼働中の原子炉が自動停止していたからである。黒鉛炉が暴走する傾向にあるのに対し、軽水炉は停止し、反応が弱まる特性があり、安全側に作用する。

しかも、福島の事故後、全国の軽水炉は、より安全に向かい改良がされてきた。すなわち、世界最高の耐震・耐津波技術の開発に成功しているにもかかわらず、全国の原子力施設の再稼働が大幅に遅らされている。

結果、国民、産業界ともに、世界のなかで高い水準の電気代を払わされ、毎日100億円を超す莫大な化石燃料代を海外に支払い続けているのである。これが日本経済を圧迫する大きな要因である。

加えて、火力による二酸化炭素の大量放出とエネルギー大量消費からの過熱による異常気象で多発する水害が全列島を襲っている。その復旧に、さらに莫大な支出を余儀なくされている。

例えば、令和元年の台風15号、19号と21号に伴う記録的な大雨による被害からの復旧・復興を促すため、千葉県は総額470億円の一般会計補正予算案をまとめた。これに県民が負担する復旧費が加算されるのだ。

原発停止で原子力施設立地県の経済活動が落ち込んだだけでなく、さらには日本の先端エネル

死亡人数による災害のリスク相対評価　高田純2004、2020

災害レベル	被災地	発生年	災害種類	死亡人数	当該地域の被害
8	全世界	1918-20	B　スペイン風邪	5000万	インフルエンザ
7	全世界	2020-	B　武漢コロナウイルス	179万*	肺炎感染
6	関東	1923	E　地震M7.9	14万	広範囲に破壊
	東京	1945	F　空襲火災	10万	都市壊滅
	広島	1945	N　核兵器戦闘使用	12万	都市壊滅
	東日本	2011	E　地震M9.0と津波	2万	沿岸破壊
4	ニューヨーク	2001	AP 航空機自爆テロ	3千	高層ビル倒壊
3	御巣鷹山	1985	AP 航空機墜落事故	500	墜落事故
2	チェルノブイリ	1986	R　黒鉛炉事故	30	原子炉の暴走と崩壊
	東京	1995	C　化学テロ	11	神経ガスサリン汚染
1	東海村	1999	R　核燃料臨界事故	2	放射線漏洩、致死線量
0	スリーマイル島	1979	R　軽水炉事故	0	放射性気体の漏洩
	福島	2011	R　軽水炉事故	0	放射性気体の漏洩

災害種類記号：バイオ(B)、地震(E)、火災(F)、核兵器(N)、航空機災害(AP)、放射線(R)、毒薬物(C)
＊2020年12月31日時点での年間死亡数、信頼性のないチャイナの報告値を除外

ギー技術開発の芽も摘まれている。その注目事例が、世界の先端を走っていたはずの高速増殖炉もんじゅの２０１６年廃炉決定である。巨大なブレーキ装置だけで、アクセルがほとんどない馬鹿げた令和の日本エネルギー機関。先端技術者たちの頭脳流出は、核技術以外でもＪＲのリニア新幹線でも生じるはずだ。これこそ科学立国日本の巨大リスクである。

政府トップだけでなく、多くの国民が、こうした日本文明の危機的状況に気がつかないと、手遅れになってしまう。これでは、豊かな国民生活を作り出せるわけがない。

陰陽論で言えば、リスクとクスリ。それらは表裏一体。リスクゼロはあり得ない。リスクに立ち向かってこそ、クスリは生まれる。逆にクスリにもリスクはある。バランスが求

められる。

私は長年調査している各種災害のリスクを数値化した。死亡人数でリスクを評価する基本原理である。災害レベル0は死亡人数0。そのレベル0であった日本の軽水炉事故で、大事なエネルギー技術を失いかけている日本。これらの事実を隠蔽する日本国内の報道姿勢を打ち破り、核エネルギー技術開発の舵取りを反転すれば、日本社会は再興する。でなければ沈没だ。

核燃料サイクル開発の重要技術は、高速増殖炉技術、ウラン濃縮技術、使用済み燃料の再処理技術、深地層処分技術である。日本には、どの技術も基本的に高いレベルで存在している。六ヶ所村日本原燃のウラン濃縮は世界最高技術で実用化している。再処理プラントも、令和2年7月に、安全審査に合格し、大きく一歩前進した。

高レベル放射性廃棄物ガラス固化体の深地層処分技術研究は、岐阜と北海道の2種の地層で十分な試験研究がほぼ完了している。目下、処分地として好ましい地域を示した全日本の特性マップが公開され、文献調査から始まる個別調査段階に入ろうとしている。

候補地調査に自治体側から手を挙げない状況が続いたが、令和2年、ようやく動きがあった。3月1日投開票となった対馬(つしま)市長選に、地層処分NUMO(ニューモ)(原子力発電環境整備機構)の誘致を公約とする候補者・荒巻靖彦氏が名乗りを上げた。私も理事を務める「放射線の正しい知識を普及する会」の加瀬英明代表は候補者の推薦人であった。

これに関し、私は放射線防護学の専門家として、地層処分の科学とその安全性を当地の市民に説明すべく、事前セミナーを行った。荒巻氏は一定の得票を得ながらも、残念な結果となった。しかし、正々堂々とした選挙戦は次へと続いた。

8月の北海道寿都（すっつ）町長・片岡春雄氏のＮＵＭＯの地層処分文献調査に手を挙げる検討発言である。

しかし早速、北海道知事の鈴木直道氏が反対姿勢を示した。彼こそ北海道の新型コロナウイルス感染拡大を引き起こす原因となったチャイナ観光旅行者の来道停止もしなかった危機管理失敗の当事者である。しかも、静岡県と同じ面積という北海道の広大な土地がチャイナ系企業に買収されている現状。さらに、彼が前市長であった夕張のホテルなど著名施設がチャイナ系企業へ売却されたのである。

そんな知事が、国家の方針である地層処分調査について理解もないまま反対発言をするのは異常である。しかもチャイナ共産党こそ、核兵器のみならず、核エネルギー開発、高速増殖炉開発に熱心なのである。まさにトロイの木馬である。

北海道ではとんでもない事件が勃発した。10月8日午前1時半、片岡町長の自宅1階寝室に火炎瓶が投げ込まれるテロである。窓ガラスが割れ一部が焼け焦げた。寿都町長宅へのテロ事件で、77歳男性が逮捕された。

昭和時代には、国際共産主義運動の指導を受けて日本国内でテロ暴力闘争が頻発していた。しかし平成以後は、善人ぶったトロイの木馬という、より一層危険な工作活動が行われるようになった。ただし、寿都事件は、暴力さえ辞さないテロリストが存在することの証拠である。

昭和51年に北海道庁舎に仕掛けられた爆弾が爆発し、2名の死者を出した北海道庁爆破事件があった。事件後、東アジア反日武装戦線から犯行声明文が出された。この集団は1970年代に爆弾闘争を行った日本のアナキズム系のテロリストである。反日亡国論やアイヌ革命論などを主張し、三菱重工爆破事件など連続企業爆破事件等を実行した。

作家の大江健三郎氏は、昭和35年の中共訪問直後の秋に、前年の礼文島についで、北海道網走を訪れ、次の言葉を残した。

「その次に僕が北海道に行ったのは、中華人民共和国で過ごした過激な夏のあとの秋のはじめで、僕は網走周辺のギリアク人とオロッコ人とに会いにいったのだった」（木原直彦『オホーツク文学の旅』）

網走の描写はなく、少数民族へのおもいを書いている。一見、唐突な大江氏の行動と一般人には見えたであろうが、当時の中共が実行していた人民解放軍の戦略から見れば理解できる。

私は縄文時代以後の北海道人口を研究しているので、西暦700年前後に北方から人口侵入してきた異民族の歴史を知っている。

斉明天皇が派遣した阿倍比羅夫海軍200艘が蝦夷民の要請を受けて、弊路弁島（現・奥尻島）に住み着いた異民族を撃退している。斉明6（660）年のことである。その前年には、後方羊蹄に政所を置き、蝦夷地は平定されている。

道南には以後、異民族の遺跡は無い。しかし日本海側の北方の島や東のオホーツク沿岸には異民族の墓が見つかっている。（『誇りある日本文明』第三章）

考古学でいうアイヌ期はそれよりも新しい時代で、本州の室町時代以後になる。アイヌという民族が、縄文時代からずっと蝦夷地に暮らしていたわけではない。

私の北海道人口研究からして、アイヌ〝先住民族〟論は誤りであって、アイヌ革命論はもっての外である。

原子力発電停止で北海道大停電

2018（平成30）年9月6日3時ちょっと過ぎに私はトイレに起き、揺れの気配を感じたが、寝室に戻り布団に入る。まもなく、地鳴りを聞いた。札幌市東部にあるマンション2階で、真っ暗な中、激しい揺れとなった。大地震である。とっさに隣で寝ている妻を守る体勢をとった。しばらくして地震は収まった。

照明のスイッチをいれたが、LEDは点灯と消灯を繰り返し、最後には消えてしまい、真っ暗になった。窓の外を眺めても、あたり一帯が暗闇だった。

玄関に置いてある懐中電灯を使い、小さなガラスコップに入る非常用のロウソク2個に火を灯し、大きめの白い皿に置いた。居間はうっすら明るくなった。幸い、家の中に被害はない。急いで、風呂をはじめヤカン、鍋に水を溜めた。札幌の9月未明は少し寒く、3人ともふたたび布団に入った。

1995（平成7）年の阪神淡路大震災を現地で、そして2011（平成23）年の東日本大震災を東京で体験した私である。今度は2005（平成17）年に広島市から札幌市へ家族で移住した後、最大の北海道内地震（北海道胆振（いぶり）東部地震）と大停電を体験することになった。

夜が明けても、停電のままだった。テレビニュースは見られない。そこで、スマホニュースを読むと、震源は札幌から西方の厚真（あつま）町で、マグニチュード（M）6・7、最大震度7である。その近くにある北海道拠点の火力発電所が出火し、発電が停止した。それに伴い、全道の電力需給バランスを失い、全道大停電に陥ったという。

乾電池式携帯ラジオをつけると、札幌は麻痺状態とのこと。安倍内閣の力強い支援をラジオニュースで知った。津軽海峡の電力ケーブルで本州から北海道へ送電するという。

私の住宅は昭和に建築された鉄筋コンクリートの5階建ての2階部分である。水道と都市ガスコンロは利用できた。ただし、灯油給湯器は電気を利用しているので、使用できない。とりあえず湯を沸かし、コーヒーとパン、卵焼きで朝食にした。

高層マンションならば、水道もエレベータも停止し、さらに大変だったはずだ。幸い、低層マンションだった。トイレは使えたが、シャンプーは水を使うしかなかった。

その日は木曜であったが、地下鉄も運休しているため通勤不能になった。医学部の定期試験があるが、スマホで大学と連絡を取り、延期が決定した。ただしスマホも、翌日夕方には電池切れとなってしまった。現代文明の機能はほぼ全てが電化されているので、大停電事態では社会機能が麻痺になる。いつ電気は復旧するのだろうか。

駐車場にあるハイブリッド車のカーナビにはテレビ機能があるので、車内でニュースを見た。ガソリンは十分残っているので、大停電時に、こうした車は役立つ。

道内固有のコンビニ・セイコーマートは、非常用電源を使ってレジを作動させて、営業中。スーパー・マックスバリュは閉店。生協は営業している。そうした有用な情報が車内テレビから入手できた。

新札幌駅周辺を車で周回すると、ガソリンスタンドには車の長い列が100メートルほどもあった。もちろん、交差点の信号機も機能していない。

夕方暗くなると、コップの中にロウソクを立てて火をともした。背面に鏡を置いて明るさを倍増させた。これを居間に2組置いた。食料は、冷蔵庫内のものをほそぼそ食べた。

1日目に自宅の米櫃は空になり心配した。しかしラジオで知ったコープさっぽろ店に車で走り、米5キログラムを調達できほっとした。店内は薄暗いが、店員さんたちは懸命に働いている。感謝。日本は素敵だ。他国のような暴動、略奪はない。

2日目、札幌市清田区、南区、中山峠、留寿都、真狩、ニセコ、倶知安、小樽をぐるっと走ったところ、ある程度、地震の影響は落ち着きを取り戻しつつあった。営業している店がほとんど、ガソリンスタンドの縦列も少なくなった。

7日の18時20分に、私家の電力は復旧した。地震発生以来の停電が解除された。自宅の停電は40時間も続いたのだった。こんなにも電気がありがたいものだと、私は初めて感じた。復旧に関わった全てのみなさんに感謝。

それ以後、私はテレビニュース、インターネットを利用して、北海道大停電の原因とその影響、電力復旧の進捗について、政府発表、道庁、北海道電力、消防のネットサイトを中心に情報収集に取り組んだ。また、出勤し、道の拠点病院である大学附属病院の停電時の対応の情報も得た。

大停電の中、道内の公共交通機関は完全マヒに陥り、道内全学校は休校となった。交差点の信号も作動していない。震源に近い厚真町や苫小牧市などで41人が死亡、重傷13人、中等傷12人、軽傷667人の人的被害が出た。

全道停電のせいで、北海道へ出張中のビジネスマン、本州や海外からの旅行者多数が北海道に

北海道厚真町ソーラー発電所：幅10m長さ60m深さ１mの地割れで発電不能

閉じ込められた。電気や水道のないホテルから閉め出され、市内の小学校に作られた避難所に収容された。これが真冬だったら、どうなっていたことか。

北海道本庁は災害対策本部を、全（総合）振興局は災害対策地方本部を、東京事務所は災害対策地方本部を、いずれも午前3時9分に、それぞれ設置した。災害派遣医療チームＤＭＡＴは3時50分に設置された。避難した住民は6日15時の時点で、45箇所に最大１９１４人であった。9月20日時点で、５市町21ヶ所９１５人となった。

地震発生直後、北海道拠点発電所の苫東厚真火力発電所１６５万キロワット（kW）の緊急停止が引き金となり、全道の電力需要３８０万キロワットの需要・供給バランスが失われ、全域停電に陥った。離島を除く北海道全域にあたる295万戸で停電となる電源喪失(そうしつ)が生じたのだ。

苫東厚真火力発電所は、1号機、2号機、4号機ともに発電設備に損傷や火災が起きたため、1号機の復旧は9月末以降、2号機は10月中旬以降、発電所の完全復旧には11月中までかかると、北海道電力は発表した。

8日午後7時、北海道電力社長は、苫東厚真火力発電所を除く他の発電施設の稼働や本州からの送電60万キロワットの実施で、地震発生前のピーク時の約9割に当たる350万キロワットの給電が可能になったと発表。しかし「供給力の確保が十分ではなく、苫東厚真発電所の復旧に時間を要する状況を考えますと、今後、北本連系設備や老朽火力発電所の計画外の停止が発生した場合には、再度、道内で停電が発生する可能性も否定できません」という。

道内の計画停電を回避するため、2割の節電が必要とのことで、北海道の高橋知事を先頭に、道民へ訴えた。鉄道、地下鉄、市電、エレベーターの間引き運転が始まり、公共施設や家庭での節電が始まった。この節電目標は14日20時30分まで続いた。

泊(とまり)原子力発電所207万キロワットは、2011年の東日本大震災後に誕生した規制委員会により停止させられている。この施設は、苫東厚真火力発電所から北西に125キロメートル離れており、もし稼働していたなら、今回の北海道全域での電源喪失事故には至らなかったはずである。

原子力施設は岩盤上に直接建設され、耐震性能は道内で最も高い施設である。火力発電所は耐震性が、原子力発電所にくらべて圧倒的に低いのだ。

今回の北海道電源喪失の最大の要因は、泊原発を長期間停止した原子力規制庁などの過剰な規制勢力による人災と考えられる。改めて規制と利用のあり方を科学的に考えなおす時機である。

大停電で医療弱者が死亡

北海道電源喪失事故を受けて、早速、私は冬季に同様の事故が発生した場合の道民の生命と健康上のリスクを予測する研究を開始した。病院の稼働ばかりか、屋内の暖房維持の基盤が電力の安定供給にある。11月になると、この研究に基礎研究配属となった医学部の学生が加わった。

北海道基幹災害拠点病院である札幌医科大学附属病院では停電により、人工呼吸装置、CT、MRI、透析、電子カルテ、PHS、オートクレーブ（滅菌装置）などが一時使用不能になった。非常用電源の復旧が地震から6時間後の午前9時頃、一般電源復旧が16時頃であった。道内の病院、クリニックは、大停電により通常業務を大幅に制約された。あるいは業務停止になった。

地震の影響による全道停電が原因で、少なくとも1人が死亡していた。在宅人工呼吸器の事例である。停電になるとバッテリーの作動に自動的に切り替わるが、一般的に数時間で充電切れになる。

泊原発が稼働していたなら、大停電は回避できていたはずだ。その稼働停止は、原子力規制委員会によるもので、長期強制停止にはリスクがあった。なお、２０１１（平成23）年３月11日の福島第一原子力発電所事故時、放射線で１人も死ななかったのは否定できない事実である。

本件は、ＮＨＫニュースでも取り上げられた。９月６日から８日にかけて停電の影響で救急搬送されたケースについて、北海道内の消防や主な医療機関への取材の結果、搬送されたのは札幌市や釧路市、帯広市などを中心に少なくとも１７１人に上り、このうち１人が死亡したことがわかった。死亡したのは札幌市北区の84歳の男性で、肺炎のため自宅で酸素を吸入する機器を使っていたが停電で使えなくなり、携帯用のボンベに取り替えようとしていたところ、意識を失い搬送先の病院で死亡したという。

札幌市消防によると、平時の搬送人数は６年間の平均値で１４３１人（標準偏差64）／７日間であるのに対し、震災時には１・37倍の２２０３人／７日に増加した。２２０３人のうち、地震関連の搬送は２９７人であり、内訳は直接傷病となる揺れによる外傷が82人、関連傷病が２１５人であった。また関連傷病２１５人のうち、地震後負傷が51人、医療関連被災が３人、体調不良が41人、人工呼吸関連が１１２人、透析関連が８人であった。

ここで注目すべきは、「地震災害よりも停電災害の影響の方が大きかった」ということである。

また、地震後では平時に比べおよそ800人も搬送人数が増加しているものの、地震関連による搬送と認定されたのは297人である。すなわち残りの500人近くは、基礎疾患を抱えている者の症状が地震や停電などをきっかけとして増悪したものと考えられる。

今回の大停電は電力需要の少ない9月の出来事だが、もし真冬の電力需要の高い季節ならば、相当人命リスクが高まると容易に想像される。過去の北海道電力の実績を検証すると、12月から2月の電気使用量は、9月に比べて平均値で2〜3割も増える。そこから推定すると、9月の事故では道民に2割の節電が課せられたが、真冬には4割の節電が課せられるのは必定だ。しかも火力発電所事故の復旧に要する日数は、9月では8割復旧におよそ2日間だったが、降雪のある真冬では倍以上の日数を要し、しかも6割復旧である。極めて厳しい事態になる。

大停電事態になれば多くの地域で暖房は止まり、灯油ストーブも電動ファンが動かない。1月の最低気温は氷点下で、札幌マイナス7℃、帯広マイナス14℃、室内(しつない)も氷点下。

電話が使えないので救急車を呼べないし、病院の予備電源も底をつくかもしれない。そんな極寒の中、持病を持つ方や高齢者、乳幼児の命が危険にさらされる。

冬季大停電で数十万人死亡

北海道の月別の死亡数は冬に増える。特に呼吸器系、脳出血、急性心筋など循環器系疾患によ

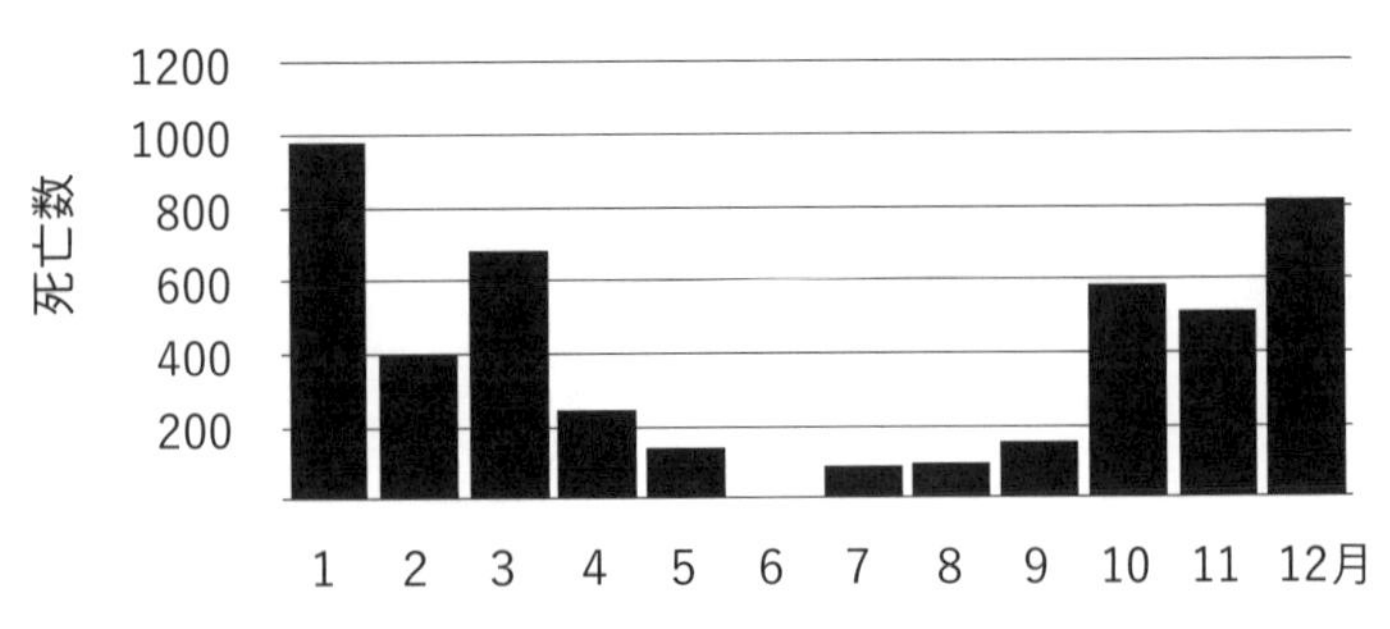

北海道月別死亡数　6月死亡数（4607人）からの増加分　2016年の統計使用

る死亡は冬場に多い。停電すれば室内も零下になり、そうした病気の悪化・発症が続出する。さらに暖房が止まれば水道管も凍結するばかりか、物流にも影響が出れば食料不足になる。こうして人命リスクは掛け算式に高まる。

最初に危惧されるのは低体温症によって多数の死亡者が出ることである。参考事例として、２００９年７月16日の北海道トムラウシ山岳遭難事故がある。16日早朝から夕方にかけて北海道大雪山系トムラウシ山が悪天候に見舞われ、ツアーガイドを含む登山者18人中８名が低体温症で死亡した。この事故のデータを参考にして私は冬季大停電災害の道民の生命のリスクを試算した。

この夏山登山での低体温症による死亡は、男性２人で年齢61、66、女性６人で年齢62、69、68、59、64、62だった。生存者は、男性６人で年齢32、38、64、61、65、69、女性４人で年齢64、68、55、61である。登山チームの低体温症死亡率は42％である。低体温症の発生から死亡するまでの推定時間は、2〜4時間が5名、6〜10時間半が3名。
30歳代の2人は生存した。死亡者の年齢は59歳以上であった。50歳以上の高齢者は低体温症による急性死亡のリスクは高いようだ。トムラウシ山岳遭難事故の場合の死亡率は、60歳代と50歳代が50％、30歳代の死亡率は0％である。人数が少ないので一般化しにくいが、冬季北海道停電災害時のリスク判断の参考値にはなる。

トムラウシ事例を参考にして、年齢幅ごとの低体温リスクを仮定し、北海道人口ピラミッド（2015年）に対して、停電時の無暖房事態を想定して、低体温症発生による死亡人数を推計した。

道内全住宅の10〜30％の範囲が7月のトムラウシ山なみの低温になる想定で計算すると、冬季北海道電源喪失災害時の低体温症による死亡推計人数の試算はおよそ20万から60万となった。これは救急車で病院へ搬送された場合なので、これ以上に死亡数が多いとも考えられる。

北海道保健統計年報によると、冬季に死亡数が有意に増加する疾患は、循環器系の疾患、心疾患（高血圧性除く）、急性心筋梗塞、心不全、脳血管疾患、脳内出血、脳梗塞、呼吸器系の疾患、肺炎、消化器系の疾患である。それら疾患死亡数は全道月別実効平均気温に対する一次関数としてよく再現される。求めた一次関数を利用し、冬季大停電と大寒波とが重なる条件で死亡数を推計した。

北海道冬季停電時の低体温症死亡人数推計　高田純2018

	低体温症死亡リスク	人口(人)	低体温症死亡推計人数(万)(低暖房率)(0.1)	(0.2)	(0.3)
80歳以上	1.00	474585	4.7	9.5	14.2
70歳代	0.75	635156	4.8	9.5	14.3
60歳代	0.50	861691	4.3	8.6	12.9
50歳代	0.30	689720	2.1	4.1	6.2
40歳代	0.20	742037	1.5	3.0	4.5
30歳代	0.10	625043	0.6	1.3	1.9
20歳代	0.05	481861	0.2	0.5	0.7
15-19歳	0.05	239098	0.1	0.2	0.4
10-14歳	0.10	220017	0.2	0.4	0.7
9歳以下	0.50	388279	1.9	3.9	5.8
全体		5357487	20	41	62

北海道２０１４年2月の大寒波事例である4日間連続平均マイナス7・7℃の条件で、循環器系・呼吸器系・消化器系の疾患の合計死亡数の増加分は、538人から1099人、相対死亡リスクは2・5倍から4・1倍となった。大寒波と大停電が重なると、冬季に特徴的な疾患で死亡する道民が激増することになる。

近未来、冬季に再び苫東厚真火力発電所が損傷停止する震度6以上の地震に襲われた場合を想定すると、数日間の大停電と災害復旧時には4割の節電が課せられると予測される。冬季の全道が極めて低い電力事態に陥ると、医療サービスの大幅な低下、食料不足、室内低温化を引き起こし、全道民は死のリスクに晒される。冬季電源喪失回避のための対策を至急打たなくてはいけない。

この事例研究の教訓は、リスクとクスリという陰陽論である。リスク対策としてクスリを処方する。しかし、それをやりすぎると、別のリスクを生み出してしまう恐れがある。陰と陽は対で存在しているのだ。切り離せない宿命。

すなわち、規制委員会の全原発停止という安易な方針が別の大きなリスクを生み出す、という証拠である。ここでは、冬季の大停電というリスクについて分析したが、経済の下降は自殺者を増加させ、国民生活を困窮化させる。まさに、日本経済低迷のひとつの原因に脱原発運動がある。

軽水炉は自動停止したが国の災害対策本部長は暴走

２０１１（平成23）年３月11日14時46分、宮城県牡鹿（おしか）半島の東南東約１３０キロメートル沖（北緯38度、東経１４２・９度）深さ約24キロメートルで、マグニチュード９・０の巨大地震が発生した。宮城県栗原で震度７、東京で震度５強を記録した。

至近距離の東北電力女川（おながわ）原子力発電所および東京電力福島原子力発電所は、最大震度６を受ける直前に地震Ｐ波を検知し自動停止に入った。日本の軽水炉の核分裂連鎖反応は、設計通り自動停止した。

外部電源を喪失した福島第一原子力発電所では、非常用ディーゼル発電機が自動起動していたが、その後、巨大津波に襲われ、炉心は冷却機能を喪失した。こうして炉心の過熱が始まった。

東京電力は、3月11日15時42分、第一次緊急時態勢を発令、原災法第10条に基づく特定事象発生の通報を経済産業大臣・海江田万里、福島県知事・佐藤雄平、大熊町長・渡辺利綱、双葉町長・井戸川克隆と関係各機関に対して行った。

この第10条通報を受け、同日16時36分、内閣危機管理監は、当該事故に関する官邸対策室を設置した。なお、その同時刻に、東京電力は、1号機および2号機において、原子炉の水位が確認できないことから、原災法第15条の規定に基づく「非常用炉心冷却装置注水不能」事象に該当すると判断し、同日16時45分に原子力安全・保安院等に連絡した。

法律では、15時42分の第10条通報時点で、速やかに、内閣総理大臣・菅(かん)直人が本部長となる、国の原子力災害対策本部が設置されるはずだった。しかし、菅総理が、原子力緊急事態宣言を発令し、原子力災害対策本部および同現地対策本部を設置したのは、10条通報から3時間21分遅れての、3月11日19時3分だった。

国の災害対策本部は、その時点で炉心冷却電源を喪失し、8時間経過以後に炉心溶融が始まることを把握していた。政府の総力を結集させれば、原子炉の冷却機能は早期に復旧できていたはずだ。

総理は災害対策本部長でありながら、緊急時に各大臣に仕事をさせなかった。あの時、北澤俊美防衛大臣が、非常用電源と非常用ポンプを現場へ空輸すべきだった。

そうした当たり前の対策をとらなかったのは、災害対策本部長である。総理の体面を死守するためなのか菅は政治暴走し、12日7時に福島第一原子力発電所に乗り込み、スタンドプレーで1時間あまり現場の作業を妨害した。

福島第一原子力発電所の過熱した炉内の水から水素ガスが発生し、原子炉建屋内に充満した。こうして12日15時36分、1号原子炉建屋内で水素ガスが酸素と反応して爆発した。

政府の災害対策本部が、非常用電源とポンプを手配し、自衛隊が空輸していれば、水素爆発を回避できたはずだ。こうした緊急時対処をしなかったのは、時の民主党政府の失策である。国家の重要電源だからこそ、こうした政府機能が求められており、原災法があった。あの時、政府機能は停止していたと言わざるを得ない。福島の原子炉は安全に停止したが、総理大臣は暴走し、冷却機能を回復できなかった。これが福島の悲劇の始まりである。

民主党の、国家を護(まも)る気概の無さが、如実に表れた悲劇だった。「憲法9条を護って、国を護らず」だ。

あの後、多くの国民に見放された民主党政権は崩壊した。その後、党名を立憲民主党と変えたが、「9条命」の方針は変えていない。支持できない政党という私の判断は変わらない。空想ではだめだ。有事において、現実に機敏に対処できなければ、国家は崩壊する。

福島は低線量で健康被害なし

私は3月後半に開かれたウランバートルでのタクラマカン砂漠核爆発災害にかかわる放射線防護科学会議を終え、3月28日に札幌に戻った。

早速、福島放射線衛生調査の準備に取り掛かった。原子力災害緊急時ですべきことは、過去の事例が示すとおり、周辺住民の甲状腺中の放射性ヨウ素の放射能検査による線量評価である。ウランの核分裂で生じる放射能は、半減期が短い核種(かくしゅ)ほど大きく、しかも特定の臓器に蓄積することにより、集中的に線量を受けるからだ。

政府は、福島県内と周辺の牛乳の中の放射性ヨウ素の検査を実施し、放射能が規制値を超える地域の出荷を停止させた。放射線医学総合研究所による検査では、県内の小児の甲状腺中にヨウ素131の放射能1・4キロベクレルが検出されている。ヨウ素は甲状腺に選択的に吸収されることと、半減期が8日と短いため検査が急務だ。

私は10年前に、この核種に対する内部被曝線量のその場評価法を開発研究していた。福島の事例は、発生から30日以内なので、十分、放射性ヨウ素の検査が可能だった。

この最重要課題を遂行しながら、福島県を中心に、東日本全体の放射線衛生を、個人線量評価、環境中の汚染評価をその場で行い、現地で不安を抱える人たちに結果を伝える計画を立案した。

鉄道および高速道路の不通という問題があったが、東日本の広範囲な放射線衛生の状況を調査するべきと考え、陸路の調査旅行とした。札幌から青森までがＪＲの鉄道、青森から仙台、福島、東京までがバスの移動とした。

この科学調査旅行計画をインターネットなどで告知したところ、『週刊新潮』の元気な記者が自身の車で、福島調査の同行取材をしたいと申し入れてくれた。これで福島以後の機動的な調査が可能になった。

４月６日に札幌を出発し、函館、青森、仙台、福島を経て、10日に東京に到着。さらに、12日までの東京滞在中に、都内の環境調査も追加した。調査は、福島第一原発20キロメートル圏内を含む札幌から東京までの陸上の環境放射線と、甲状腺線量検査を中心とした現地の人々の健康影響に関わる放射線衛生とした。終着の東京では、北区の北とぴあスカイホールにて、東日本の放射線防護現地調査の緊急報告会の開催を、都内の友人と連携し、あらかじめ計画した。（『福島嘘と真実』、『決定版　福島の放射線衛生調査』）

現地調査は、札幌と二本松の神社の宮司さんたちと連携し、その協力を得て順調に実行できた。20キロメートル圏内の浪江町から二本松市へ避難した２００人のうち、70人が太田住民センターに集まっていた。そこで私は、今の周辺環境の放射線の状況と放射線医学について講演した。その後、希望者40名が、私の甲状腺の線量検査を受けた。測定日の放射能の値をさらに、被曝開始

線量６段階区分と人体影響のリスク 『医療人のための放射線防護学』より

線量レベル	リスク	線量
A	致死	４シーベルト以上
B	急性放射線障害、後障害	１～３シーベルト
C	胎児影響、後障害	0.1 ～ 0.9シーベルト
D	かなり安全、医療検診	2 ～ 10ミリシーベルト
E	安全	0.02 ～１ミリシーベルト
F	全く安全	0.01ミリシーベルト以下

注：１シーベルト=1,000ミリシーベルト

の3月12日に遡って、初期の値を推定し、そこから甲状腺の線量を計算する。検査日の会場では、測定値の線量率から、およその線量レベルを暫定的に評価し、各自に説明した。

浪江町からの避難者40人は、二本松市民に比べて全体的に甲状腺に蓄積していた放射性ヨウ素の放射能量は多い傾向が見られた。平均で2・4キロベクレル、最大で3・6キロベクレル。

他方、二本松市民は平均0・1キロベクレル、最大で0・5キロベクレル。飯舘村の2人は、平均1・8キロベクレル。こうして推定された甲状腺線量の平均値のレベルは、浪江町D、飯舘D、二本松市Eと、やはり低線量だった。

福島軽水炉事故のあった県民の線量値は、チェルノブイリ黒鉛炉事故被災者の値の１００００(1万)分の1から１０００(1千)分の1であった。

ウクライナ、ベラルーシ、ロシア三カ国の被災者７００万人の最大甲状腺線量は50シーベルト（臓器線量レベルA）。

旧ソ連では、数年後から、総数で当時の子供たち４８００人に

2011年4月10日午後2時、福島第一原子力発電所正門前に立つ筆者

甲状腺がんが発生した。これは20年後のＷＨＯの調査報告である。このリスクが線量に比例すると考えれば、今回の放射性ヨウ素量が原因で、福島では甲状腺がんになるのは１千万人に１人の割合である。すなわち、人口２００万の福島では、誰一人として甲状腺がんにはならないと予測できる。

この低線量の理由は次の3点である。①人々の暮らす陸域へ降った放射能の総量がチェルノブイリにくらべ福島では圧倒的に少なかった、②汚染牛乳を直後に出荷停止とした、③日本人は日ごろから安定ヨウ素を含む昆布などの海藻類の食品を摂っているので、甲状腺に放射性ヨウ素が入る割合が低ヨウ素地帯である大陸の人々にくらべて少ない。

なお、事故サイトの福島第一原子力発電所の敷地境界まで2日間にわたり接近し調査したが、私の外部被曝線量はわずか0・1ミリシーベルトと、超低線量だった。服装は普段の作業服で、用意した防護マスクも無用だった。

高速増殖炉もんじゅ廃炉決定を撤回せよ！

私は現地調査結果を、国内の専門学会、そして国際放射線防護学会IRPA13グラスゴーで報告した。最後の報告は、2016年の国際放射線防護学会IRPA14ケープタウンでの報告と、その年の国内学会での報告である。その結論は、福島軽水炉事象は米国スリーマイル島軽水炉事象と同様に、公衆の線量は低線量であった。国際原子力事象尺度では、福島軽水炉事象はレベル6である。民主党政権時の判定は誤りだった。（『決定版　福島の放射線衛生調査』）

軽水炉は核分裂反応が暴走しない原理であり、地震波検知で自動停止し、原子炉圧力容器と格納容器などで多重防護されている。福島とスリーマイル島両事故の放射線死亡は0人であった。事故時に原子炉反応が暴走しやすい黒鉛炉のソ連型原子炉と軽水炉の事故は全く異なるのだ。

1986年のチェルノブイリ事故に見るように、黒鉛炉は核分裂反応が暴走しやすいリスクを内蔵する。しかも黒鉛は石炭の一種で、高温で発火する。だから1週間以上の火災となった。

暴走事故では原子炉全体の崩壊が生じ、運転員らの急性死亡30人に加え、放射性ヨウ素の内部被曝により広範囲の公衆が高線量の甲状腺被曝を受けた。その結果、当時の小児15人が甲状腺がんで死亡した。ただし、黒鉛炉といえども、核爆弾の炸裂ほどの災害には絶対にならない。

国際原子力事象尺度で判断すれば、チェルノブイリ黒鉛炉事象7、キシュテム核廃棄物施設事故6、福島軽水炉事故6、スリーマイル島軽水炉事故5、東海村ウラン燃料臨界事故4である。世界の核災害の調査結果を総合すると、軽水炉事象がいかに低リスクかが判断できる。

ケープタウン線量専門家会議で、私が国際原子力事象尺度で福島レベル6と報告すると、会場の線量評価専門家に賛同された。すなわち、民主党政府の発表値チェルノブイリ事故と同じレベル7は否定された。

こうした放射線防護の専門国際会議の取材にも来ない日本のマスコミに、福島事故を報じる資格はない。テレビがとんでもないコメンテーターを使って国民の不安を煽(あお)ったのは許せない。

軽水炉事象の福島やスリーマイル島での周辺住民の甲状腺線量は黒鉛炉事象のチェルノブイリに比べて1000分の1程度と極低線量だった。すなわち、福島県民に放射線影響はないレベルである。

軽水炉事象の公衆の緊急避難の原則は屋内退避で、甲状腺防護のために、しばらく放射性ヨウ素で汚染された牛乳を流通させないことである。当時の事故対策本部は、過剰に周辺住民を緊急

国際原子力事象尺度と主な事例　高田純 2016

レベル		評価事例	放射線死亡人数
7	深刻な事故	チェルノブイリ黒鉛炉暴走事故(1986、旧ソ連)	所内急性30 公衆後障害15
6	大事故	キシュテム核廃棄物貯蔵庫の爆発(1957、旧ソ連)	急性0
		福島軽水炉事故(2011、日本)	急性0
5	所外へのリスクを伴う事故	スリーマイル島軽水炉事故(1979、アメリカ)	急性0
4	所外への大きなリスクを伴なわない事故	東海村ウラン燃料加工施設臨界事故(1999、日本)	所内急性2

注：高速増殖炉もんじゅのナトリウム漏れ事象(1996)はレベル1で事故ではないとの評価。

避難させたため、多くの混乱が生じた。特に医療弱者や入院患者多数が、転院先がないままに無謀な搬送を強いられ、約70人が犠牲になった。さらに置き去りにされた数万の家畜が、餓死したり殺処分にあった。軽水炉事象は低線量なので、屋内退避と安定ヨウ素剤服用が主な緊急時対策になるべきだ。無謀な緊急避難こそ大きなリスクになる。これが福島の教訓である。

旧ソ連チェルノブイリ黒鉛炉事故では、最高位の放射線医学専門家と原子炉物理の専門家が現地対策本部に入り、科学判断のもと人と家畜の計画的避難が策定され実施された。

日本での事故対策本部でも科学を基礎とした理性的な判断と対応が求められる。福島事例にあった政権の暴走は絶対に許されない。

廃炉が決定した高速増殖炉もんじゅはレベル1

で「逸脱」の評価である。国際原子力事象尺度では、レベル7から4が事故であり、3以下は事故ではない。事故未満の故障である。もんじゅ1995年事象はレベル1なのだ。自動車にも事故とならない故障があるのと同じだ。

1995年のもんじゅのナトリウム漏れ事例、事故にいたらない単なる故障だった。これは国際的な専門家の判定である。もんじゅの炉心は全く健全であり、ナトリウム漏れの故障は炉心に全く影響を与えていない。

もんじゅは開発段階の研究施設である。だから弱点を改善することこそが使命である。幾多のトラブルを克服してこそ、新技術は高いレベルで完成できる。

ナトリウム漏れのトラブルを反原発団体とともに、勉強不足の日本のマスコミが大騒ぎした。私には、彼らに「初めから反対」の意識が見えた。

こうした騒ぎを背景に、レベル1の事象で廃炉決定するのは、さすがに国家としてはまずい。常軌を逸した技術のトラブルたたきは、技術立国にあってはならない。マスコミのレベルが低すぎる。

もんじゅ「廃炉決定」は技術開発を知らない連中の騒動である。この種の騒ぎは民主主義を破壊する。国家のエネルギー政策の根幹に、高速増殖炉を中心とした核燃料サイクルの推進がある。「もんじゅ廃炉撤回こそ、誇りある日本文明の進むべき進路である」

「この反対勢力は、『日本の木馬』だ」と、私は確信している。

三条委員会の原子力規制委員会が暴走

2011（平成23）年3月の福島原子力事故での放射線による死者はゼロ人、漏洩した放射性ヨウ素の線量もチェルノブイリの1000分の1と低く健康影響はない。

その後、全国の原子力施設は地震と津波対策が大幅に強化された。北海道泊原発は、道内で最強の発電所だが、令和3年時点でも原子力規制委員会に停止させられている（新規制基準適合性審査中）。これが平成30年大停電の原因だった。

政治と行政の責任者たちは、原子力の過剰な規制による停止こそ、人命を奪う大きなリスクになっていることを知らなくてはならない。安全技術の改良を継続しながら、従来から提唱されている電源のベストミックスを速やかに実行すべきである。

2011（平成23）年の東京電力福島第一原子力発電所で発生した水素爆発は、時の民主党政権の総理をトップとする事故対策本部の科学を逸脱した政治暴走の結果である、と私が結論づけたのは前述のとおりである。

しかし権力を握る民主党政権は、原子力行政の安全機構自体の問題にすり替えた。これにより、事故対策本部トップである総理の、緊急事態にあった福島第一原子力発電所での暴走行為の問題を追及できないで終わってしまったのだ。

時の政権は、環境省に新たに外局として、原子力規制に関わる部署を設け、原子力安全・保安院と内閣府原子力安全委員会等、原子炉施設等の規制・監視に関わる部署をまとめて移管することを検討した。

２０１２（平成24）年6月、原子力規制委員会設置法案が衆議院環境委員長から提出された。同法案は、環境省の外局として原子力規制委員会を置き、同委員会の事務局として原子力規制庁を置くことや、同委員会を国家行政組織法３条２項の委員会（いわゆる三条委員会）として独立性を高めることなどを定めた。同法案は同月15日に衆議院で可決、同月20日に参議院で可決され、同月27日に公布された。

２０１２年9月19日、野田佳彦内閣総理大臣は、原子力緊急事態宣言発令中の例外規定に基づき、衆参各議院の同意を得ずに委員長および委員を任命して、原子力規制委員会は発足した。その後、同人事は、２０１３（平成25）年2月14日に衆議院、翌15日に参議院の同意をそれぞれ得た。

こうして初代規制委員長は日本原子力研究所副理事長の田中俊一氏、委員長代理に元東京大学地震研究所教授の島崎邦彦氏が就任した。規制委員会は三条委員会なので政府から独立した権限を有している。この仕掛けのため、民主党から自民党へ政権移行しても、民主党政権に好まれた人選が継続することになる。実際、第二次安倍内閣が平成24年に発足したが、田中氏は委員長を２０１７（平成29）年まで続けた。

２０１３（平成25）年7月8日に、原子炉等規制法が施行され、原子力発電所の再稼働申請の受付が始まった。当時、26基が申請されたが、牛歩どころでない超遅い審査で長い年月がかかることになった。これがエネルギー資源のない日本の国益を大いに損ねたのである。

原子力規制委員会の牛歩を監視し指導する機関が日本国に存在しないのは、制度上の欠陥である。反日政権が作成した破壊ロボットの木馬を早く壊さないと、日本が壊されてしまう。

アクセルとブレーキがあるのは、自動車を快適にかつ安全に操縦するために必要な機能。ブレーキだけの車はあり得ない。さらには、５～８年間もの期間、車検ばかりを強制し、運転をさせないようでは車を購入する意味がない。こんな状況を作り出したのが三条委員会である原子力規制委員会だ。そんな権限を原子力規制委員会に与えてはいけない。原子力業界内部から、規制委員会に対し批判が出ないのは、お上に逆らえない上下関係のためだ。

日本は核エネルギーを手放してはならない

人口爆発する21世紀の世界、一方で人口減少している日本。エネルギー資源の大半を海外に依存する日本は予断が許されない状況にある。石油資源の世界生産量は既に２０１７年より減少に向かっている。石炭、天然ガスも海外に依存している。風力発電、太陽光発電は気象に依存し全く安定していない。

この状況で、脱原発とは自殺行為である。そもそも世界の化石燃料資源の埋蔵量に限りがある。可採年数は石油、天然ガスおよそ50年、石炭150年と言われている。

1グラムのウラン235の完全核分裂のエネルギーは一般家庭の電力6年分である。この235のウランは天然ウランにわずか0・7％しか含有されていない。これを使って発電するのが軽水炉型の原子炉である。ウランの大半は核分裂しにくい238の質量数で、99・3％。もし、この全てのウランを核分裂できれば、現在のウラン資源を100倍以上も利用できるのだ。熱中性子による軽水炉型の利用に限定すると、ウラン資源も100年以内に枯渇する。しかし、高速中性子ならば238のウランも核分裂でき、ウラン資源は8千年間も有効利用できるのだ。

核エネルギー技術は、産業革命以来の化石燃料技術の代わりになることができる。課題は、高速増殖炉技術の開発と、高レベル放射性廃棄物の処分法を含む燃料のリサイクルシステムの開発であり、この実現以外に核エネルギー技術の未来はない。

これは核燃料サイクルとよばれ、日本の技術は実現一歩手前にきているが、これまで見たように、国内に大きな反対勢力がある。特に、国内では共産党、中共、北朝鮮の親派勢力は、反核、反原発、さらには脱原発を叫び、こうした核エネルギーの利用は危ないので阻止しようという。

正に「トロイの木馬」である。

彼らが友好国とする共産圏こそ核武装しており、危ない黒鉛炉を保有している。そうした連中が、日本の核の平和利用は危ないというのは、矛盾でありバカげている。しかし、彼らを「トロイの木馬」とみれば納得できる。

現在確認されているウラン鉱山の資源量も100年が限界である。ただし、ウラン元素の場合、濃度を別にすれば、地球上のあらゆる場所に存在しているので、今後も資源は広範囲に発見できる可能性はある。海水にもウランは含まれている。ここが、太古の植物を原料として作られた化石燃料資源と大きく異なるところである。

核エネルギー技術の本命は、ウラン238、プルトニウムの燃料化技術とその燃焼技術にあると、私は理解している。その技術の中心が高速中性子による核反応炉である。エネルギー資源に恵まれない日本にとって、プルトニウム燃料は極めて有利なエネルギーである。国策を誤らなければ、国際競争力のあるエネルギー資源となるにちがいない。

日本の原子力発電所で稼動している多数の軽水炉でも、燃焼しているウラン燃料中にプルトニウムが生成し、それが燃焼している。しかも、軽水炉の全発電量の約30%が、その生成したプルトニウムによるものであると考えられている。

ウランとプルトニウムの混合酸化物（MOX（モックス））燃料を、軽水炉で燃焼させて発電に利用する方法が、プルサーマルと呼ばれている。すなわち、軽水炉の熱（サーマル）中性子によりプルトニウムを分裂させるので、プルサーマルという和製英語で呼ばれるようになった。この方式での発電では、ウランとプルトニウムの発電比率は1対1となる。

自主開発原子炉であるふげんは、世界初のプルトニウムを本格的に利用する熱中性子炉として、MOX＝燃料を大量に燃焼させせた実績は世界最大で、772体のMOX燃料集合体が安全に使用された。しかし、残念ながらふげんは、その役割を終えたとされ、2003年3月に運転を終了し、廃炉研究に供されている。本当に、廃炉にする理由があるのか、専門分野が違う私にはわからない。

日本の核燃料サイクルを概観する。核燃料は、天然ウランの精製・転換・濃縮・再転換・成型加工の一連の工程を経て燃料集合体として、原子力発電所で使用される。その使用済み核燃料を再処理して繰り返し利用する核のリサイクルシステムの完成により、長期安定なエネルギー確保が可能になる。これには、放射性廃棄物の安全管理が不可欠である。日本では、青森県六ヶ所村に、1992年以後順次、ウラン濃縮工場、高レベル放射性廃棄物貯蔵管理センター、低レベル放射性廃棄物埋設センターが操業している。2020年、六ヶ所村日本原燃の再処理施設は、規制庁の新基準での審査に合格した。

軽水炉の使用済み核燃料棒のなかには、残存するウラン235（1%）、ウラン238（95%）

と核分裂生成物（3％）のほか、ウラン238が高速中性子を捕獲して生成したプルトニウム239（1％）が含まれている。この使用済み核燃料は、通常長期間、原子力発電所に保管貯蔵される。したがって、日本には、既に燃料となるプルトニウム資源が相当量、埋蔵されていることになる。

ウラン資源の最大の有効利用技術は高速増殖炉であり、日本の技術者たちは、実験炉の常陽（大洗）、原型炉もんじゅ（敦賀）を開発してきた。核エネルギー技術開発への挑戦である。

規制委員会に必要以上に停止させられている全国の原子力発電所を早期に再稼働し、日本の電力供給を安定化させることは、日本の産業基盤を強化させることに直結する。原子力施設立地県の経済力を押し上げ、雇用を促進し、全国の電気料金を値下げできる。

さらに、高速増殖炉をはじめとする新型炉の技術開発は、日本の他産業へもプラスに作用するはずだ。なによりも、化石燃料の買い取りのために、莫大な円が海外流出している。その額は毎日100億円といわれている。これでは国民生活が楽になるわけがない。

日本は核エネルギーを手放してはならない。

第三章

反核運動の源流

――ソ連核武装の捨て駒にされた日本人

驚きの証言

1995年、広島大学原爆放射能医学研究所は、1991年12月に崩壊した旧ソ連内の核災害地での放射線影響調査を開始した。連邦内で生じた黒鉛原子炉崩壊事故のチェルノブイリ、核爆発実験場のあったカザフスタン北部が主な研究対象となった。ソビエト連邦から独立した現地科学者たちと共同した。

私は、同年8月に母校の同研究所に新設された国際放射線情報センターに助教授として戻った。セミパラチンスク核実験場周辺の線量調査に取り組み、10月に現地を踏んだ。(『世界の放射線被曝地調査』)

旧ソ連領に入るのは、それが初めてだった。モスクワ経由で、首都アルマトイから小型ジェット機で飛んだ。ポリゴンと呼ばれたソ連の核実験場は、天山(てんざん)山脈から1千キロメートル、カザフスタン北部に位置する。

実験場は、1947(昭和22)年に建設が開始された。北端のイルティシュ河岸の秘密都市セミパラチンスク21に、ソ連は科学者・兵士など3万人を結集させた。現在のクルチャトフ市である。四国に相当する広大な面積の境界には鉄条網が張り巡らされた。その中に、道路、実験観測のための塔や地下の防爆施設、地下鉄を模擬するホーム、原子炉などを、短期間に建造するので、膨大な労働力が必要だった。

ウラル山脈南麓に、兵器用のプルトニウム生産施設マヤークが建設された。米国ハンフォードのソ連版である。この都市は囚人たちにより建設され、一時は7万人が働いていた。私は、2000年の春、その地域を単身で訪れ、現地の放射線衛生について、およそ2カ月間の調査を行った。(『世界の放射線被曝地調査』)

現地での放射線調査をしていくうちに、驚くべき証言を耳にした。カザフスタン放射線医学環境研究所所長のボリス・グゼフ氏によると、

「核爆発によるダム建設では、多数の労働者が死亡した」と。

その労働者の中には、シベリア抑留の日本兵も含まれていたと、後年、私は推理した。

スターリン時代、ソ連は核武装を進めるため、政治犯、ドイツ兵捕虜、そして終戦直後、ソ連に抑留した日本兵を無給の労働力として使役したのだ。そして、多数の作業員が現地で死んだ。

確かに日本人の顔はカザフ人によく似ている。私は、現地で同国人としばしば間違われた。だから、ロシア系の人間が遠目で日本人作業員を見ていても気が付かなかったのかもしれない。

その後、入手したシベリア抑留者の氏名、人数、場所の地図が厚労省によって開示されるようになった。その資料と、私の調査した結果を照合してみると、数々一致する点が見つかっていった。

ソ連核実験場ポリゴンでの核爆発は1949年8月に始まった（撮影2002年）

果たして、本当に旧ソ連は核開発のために、日本兵を酷使したのだろうか。2万人を超す日本人ソ連抑留行方不明者の謎を追ううちに、新事実が浮かび上がってきたのである。

ソ連核武装の前夜

1945（昭和20）年7月16日、チャーチル、スターリン、トルーマンが日本の戦後処理を討議する連合国ポツダム会談開幕の前日、米国はアラモゴードで最初の核爆発実験をした。その成功の電報を受けたトルーマン米大統領は大いに元気づけられた。彼は、全体会議の中で、絶大な威力の新型爆弾を保有したことをスターリンに告げた。

米軍爆撃機エノラ・ゲイは、広島市上空から新型爆弾を投下した。8時16分、それは市中心部上空600メートルで炸裂、小型の太陽が出現し、閃光を放った。次の瞬間、爆弾の周囲の空気が超高圧になった衝撃波が音速以上の速さで市内の建造物をなぎ倒し、人々は吹き飛ばされていった。まもなく、爆心地を中心に火災となった。半径2キロメートルが全焼し、広島市は壊滅した。一撃で、およそ10万人の一般市民が殺された。

広島への攻撃に関して8月6日、トルーマン大統領はホワイトハウスで声明を発表した。

「16時間前、アメリカの一航空機が、日本陸軍の重要基地である広島に対して1個の爆弾を投下した。この爆弾はTNT火薬2万トン以上の威力を持ち、また戦争の歴史上これまで使われたことのある爆弾の中で最大のものであった。英国の〝グランド・スラム〟爆弾の2千倍以上の威力を持つものである。日本は開戦にあたり、パール・ハーバーを空襲したが、いまや、何十倍もの報復を受けたのである。しかも戦争はまだ終わっていない。

これは核爆弾である。核爆弾は宇宙の根源的な力を応用したものである。極東の戦争責任者たる日本に対して太陽の原動力ともなっている力を放出したのである」

広島市は軍事基地ではない。一般市民を虐殺したのだ。米大統領は自国民を欺いた。

日本は、帝国陸軍、帝国海軍ともに、核の専門科学者を広島へ派遣し、放射線を検知することで、新型爆弾が核爆弾であったことを8日、そして9日にそれぞれ確認した。この背景には、陸海軍の核兵器研究組織があった。

戦後日本初のノーベル賞を受賞した素粒子論の湯川秀樹、加速器物理の荒勝文策、量子論の仁科芳雄ら、第一線の物理学者たちが、その開発研究に参加していた。(『核と刀』)

米国は、第二次世界大戦中、亡命してきた多数のユダヤ系物理学者の参加を得て、核兵器開発計画であるマンハッタン・プロジェクトを1942年6月に開始した。物理学者オッペン・ハイマーを指導者として、ニューメキシコ州のロスアラモス研究所で最高機密として進められた。オークリッジにはウラン精製施設が、ハンフォードにはプルトニウムの生産施設が建設され、それぞれ8万人と3万人が働いた。工場は企業が民間人を採用して運営された。

一方、ソ連最高指導者ヨシフ・スターリンは米国の広島核攻撃で初めて、戦後の世界の軍事力の均衡の破れ、すなわち米国の圧倒的な優位を理解した。日本の戦後処理で不利益を避けるために、ソ連は8月9日に、対日戦争を急遽宣言し、満州の日本軍へ攻撃を開始した。

8月15日、天皇陛下は終戦の詔書（しょうしょ）、いわゆる玉音放送をラジオで発表した。日本はポツダム宣言を受諾し、降伏した。

9月2日、日本は米艦ミズーリで降伏文書に調印した。その時すでに、スターリンは、優先度の高い核武装計画を組織することを決定していた。戦後、ソ連は破壊的な経済状況にあったが、それでも計画の推進は絶対的な強い意志で実行されるべきものと、スターリンは判断した。こうしてソ連最大のプロジェクトが始まった。

ソ連は米国の核兵器に関するマンハッタン計画の大量の機密情報を入手し、それを手本としたソ連版の計画を練った。米国のプルトニウム爆弾の構造に関する詳細な情報、すなわち爆弾の部品、材料の成分など、爆弾製造に必要な全ての情報を、ソ連のスパイは入手していた。

ソ連の核開発は、イゴール・クルチャトフ博士を指導者として開始された。米国と同じウランと黒鉛とを積層した実験炉を建設し、１９４６年12月25日、核分裂連鎖反応の臨界状態に達した。この黒鉛炉の臨界は米国が初臨界を達成した4年後であった。

核爆発実験場をモスクワから南西２６００キロメートル離れたカザフスタン北部に建設することが計画された。そこに至る道路、鉄道、現地の宿舎、実験施設、工場の建設が急ピッチで始められた。何もなかった草原に、核実験に必要な全てが短期間に建造されたのだ。

私たち日本科学者がカザフスタンで最初に現地の放射線影響調査を行った１９９５年、核実験を指揮する科学者の都市クルチャトフをつなぐ鉄道の駅チャガンのレンガ製の駅舎で、被曝試料のレンガを採取した。これら周辺地で収集したレンガの中の石英粒子（せきえいりゅうし）の熱蛍光強度を計測し、私たちは、核分裂後のフォールアウト（放射性降下物）による放射線被曝線量を評価した。

こうした現地での放射線影響調査が、23年後に日本軍将兵のソ連抑留の暗部を暴くことになるのは全くの副産物だったわけだが。

科学者たちが、中心となる核開発計画を作成し、労働力の手配と建設の実務を含め、ラヴレンチ・パーヴロヴィッチ・ベリヤをその計画の最高責任者として、ソ連は核武装を強力に推進した。（『スターリンと原爆』）

ベリヤは、1941年2月に人民委員会議副議長に就任、対独戦終結後の1945年7月9日にソ連邦元帥の階級を得て、翌1946年3月にはソ連共産党政治局員となった。彼は外国人捕虜の収容所を管轄する最高責任者でもあった。

1944年12月、ベリヤはソ連核爆弾開発プロジェクトの監督になった。彼は米国核兵器プロジェクトへの諜報活動を開始し、1949年には核兵器の実験を行うに至った。彼のもっとも重要な貢献は、必要な労働力の捻出（ねんしゅつ）にあった。実際の核開発プロジェクトは、有能な核物理学者グループだけではなく、危険を伴う様々な作業のために膨大な労働力を必要とした。労働力は使い捨て、消耗品。そこに独裁国家の恐怖があった。

共産主義社会の背景には権力維持の土台となる、全土に配置された「矯正」という名の強制収容所があった。強制収容所は、ウラニウム採掘やウラニウム加工施設の建設と稼動、核実験施設の建設を実現するための、数十万人もの労働力の倉庫である。クルトワとヴェルトの共著『共産主義黒書』によれば、ソ連内での政治独裁者による粛清は2000万人と言われる。

内務人民委員部も、核プロジェクトの安全性と機密保持の確保にあたった。

1945年、ソビエト警察の階級システムが、軍隊システムに変更されたことに伴い、ベリヤの階級もソビエト連邦元帥に相当するものとなった。

彼は軍隊の指揮権を持つことはなかったが、戦時生産の組織化を通じて、第二次大戦におけるソ連の勝利に重要な寄与をすることとなった。さらに東欧系の警察組織もベリヤの支配下に組み込まれ、彼の警察権力は絶頂を迎えた。

冷徹なベリヤは、ソ連最大プロジェクト核武装の貫徹に、抑留したドイツおよび日本軍元将兵を、中心部および周辺に労働力として投入したはずだ。

それら作業員たちへ、ベリヤたちは最低限未満の食糧しか与えなかった。

夏場に抑留された日本人たちの防寒具は全く不足し、最初の冬に、およそ5万人の日本人が死んだとされる（『シベリア抑留』）。

ポリゴンに多数の強制労働者

スターリンは8月16日には、日本人の捕虜を労働力として用いないという命令を内務人民委員ベリヤに下していた。しかし、8月23日にはこれを翻し、「国家防衛委員会決定 No.9898」に基づき、日本軍捕虜50万人をソ連内にある捕虜収容所へ移送し、強制労働を行わせる命令を下した。

１９６５年1月15日、ソ連最初の産業利用を目的とした核爆発が、セミパラチンスク核実験場の東部にあるバラパンで実施された。１４０キロトン威力の水爆が実験場の東側境界近くの地下１７５メートルで爆発し、クレーターを形成した。

その大きさは直径約４００メートル、深さ１００メートルとなった。地下水が溜まり、湖となっ

（撮影1995年）

た。1999年10月調査の時、私は「核の湖」で泳いだ。

グゼフは驚いて言った。

「高田博士、ロシアの科学者は、核の湖で泳いで死にましたよ」

湖の土手の放射線は毎時20マイクロシーベルト、水面はゼロだった。核実験から34年、私が泳いだ時には、放射線のリスクはなかった。

私は、爆発後の線量を計算した。水爆だがプルトニウムの核分裂エネルギーを利用しているので、クレーターには核汚染が長期に残留する。全放射能の減衰関数は時間のマイナス1・2乗に比例する。1995年の現地での放射線計測値を利用すれば、爆発直後の線量を推計できる。

クレーター核爆発30日後の空間の線量は毎時26ミリシーベルトと高い。囚人や抑留された外国人が現場で毎日十時間作業したと仮定し、人体の自己遮蔽（しゃへい）も考慮すると、人体が受ける線量が計算できる。

1965年、水爆140キロトンで作られた人工湖。工事では多数の作業員が放射線で死んだ

初期の放射能の減衰を待って作業が始まったとすると、2月、3月、4月の月間線量（シーベルト）は、3・5、1・8、1・2で、高線量を捕虜たちは浴びたことになる。瞬時に4シーベルトを受けると半数の人が死亡するリスクなので、この人工湖工事は非常に危険だった。

人工湖の土木作業員たちは、高線量を毎日浴び続け、衰弱していった。嘔吐（おうと）し、造血機能が弱まり感染症を発症し、歯茎から出血した。彼らは脱毛し、皮膚障害でかゆみに悩まされながら、死んでいった。治療されることはない。秘密を知った抑留作業員たちの口封じである。

クレーター核爆発は核分裂生成物と粉砕された岩盤の破片とが混合し、爆心地に高レベルの放射能が長期に残留する。その地での労働は、虐殺に相当する非道行為に他ならない。

私は、核の湖での土木作業員の線量評価値の研究成果を、第61回日本放射線影響学会大会（長崎、２０１８年）で報告した。

ソ連核実験場周辺に配置された日本人収容所

抑留された日本人の行方(ゆくえ)に関して、1946年2月26日付、内務省による国家防衛委員会決定履行状況報告書によれば、ソ連への移送は49万9千807人である。翌、1947年2月20日時点の捕虜・抑留者業務管理総局による内相宛報告では、捕虜総数61万6千886人、ソ連移送53万3千325人と増えている。野戦収容所での死亡は1万5千986人と記録されている(『シベリア抑留』)。

日本人抑留者の帰還に関して、長勢了治(ながせりょうじ)著の『シベリア抑留　日本人はどんな目に遭ったのか』によると、ロシア政府から2000年に、帰還者47万537人分の登録ファイル、2005年に4万940人の死亡者名簿、またモンゴル政府から1万330人の登録ファイル、1957人の死亡者名簿が日本政府へ提供された。

厚生省は、各収容所の抑留日本兵の人数、死亡者数、地名(カタカナ)をまとめた後、米国、英国ならびにソ連において発行されたソ連地図を参照し、地名を特定した。

ソ連へ抑留された日本人の数は、65万人と推定されているが、ロシア国立軍事公文書館には約76万人分に相当する量の資料が収蔵されている(厚生省援護局『昭和21年頃におけるソ連・外蒙領内日本人収容所分布概見図』『引揚げと援護三十年の歩み』など)。

1991（平成3）年に、日ソ間で「捕虜収容所に収容されていた者に関する日本国政府とソビエト社会主義共和国連邦政府との間の協定」（以下「協定」）が締結され、約3万7千人分の抑留中死亡者名簿が引き渡された。その後も協定を継承したロシア政府等から数次にわたり死亡者名簿等が提供され、現在約4万1千人分の名簿が提供されている。

その名簿は、厚労省ウェブサイトで閲覧できる。私は、妻・桜子の祖父名をカタカナのササキゴロウで検索した。すると、同姓同名者が3名あり、出身県の区別により、祖父を特定できた。さらに「三〇一七第二十四収容所・第十二支部、命日・昭和二十（一九四五）年十二月九日、チチンスク地方（チタ州・ザバイカル地方）」と、判明した。祖父は抑留の最初の冬に亡くなっていた。発見のうれしさと、悲しさがあった。

妻に早速教えると、彼女は喜び、そして泣いた。夫の旧ソ連の現地科学調査が、祖父の死亡の事実にたどり着いた。終戦73年後の出来事である。

3人の娘を1人で育てた祖母は、すでに亡くなっている。妻は、その晩のうちに、発見した名簿のことを、老いた母親たちに電話で知らせた。

ロシアより提供された約4万1千人分の名簿と日本側資料とを照合し、約3万2千人については、死亡者が特定されている。

しかしながら、厚生労働省推計の抑留中死亡者約5万3千人（モンゴル除く）と比較すると、いまだ約1万2千人の名簿が提供されておらず、また、提供された名簿の中で特定できなかった約9千人の合わせると、約2万1千人が死亡者の特定に至っていない。厚生労働省では、未特定者約2万1千人分のロシア語名簿をロシア政府に提供して、さらなる調査・資料を要請している。

モンゴル政府からも、1991年に約1600人の抑留中死亡者名簿が引き渡され、これまでに約1400人の死亡者が特定されいる。

厚生労働省の政策レポート「シベリア抑留中死亡者に関する資料の調査について」によると、①旧ソ連地域に抑留された者、約57万5千人（うちモンゴル約1万4千人）、②現在までに帰還した者、約47万3千人（うちモンゴル約1万2千人）、③死亡と認められる者、約5万5千人（うちモンゴル約2千人）、④病弱のため入ソ後、旧満洲・北朝鮮に送られた者等、約4万7千人である。

ソ連抑留者の数字をまとめると、人数のつじつまが2万人規模で合わないことがわかる。すなわち、日本政府の把握した日本人ソ連抑留者数は57万5千人で、そのうち、1947〜56年に47万3千人が帰国している。

ソ連崩壊後、ロシア政府が提供した死亡者名簿では、4万1千人の日本人がソ連とモンゴル国内で死亡している。

捨て駒になった日本人抑留者たち

繰り返しになるが、日本人ソ連抑留者数58万と、帰還人数47万と死亡人数4万を合わせた数と、差し引き7万人が行方不明となる。そのうち、およそ5万人がソ連から旧満洲と北朝鮮へ戻されたことを信じたとしても、2万のソ連抑留日本人が行方不明である。2万の日本人はどこへ消えたのだ。

現厚生労働省がまとめた地図を見ると、カザフスタンにあるソ連核実験場付近にも日本人収容所はありそうだ。私は、グゼフから入手したポリゴンの地図と、厚労省がロシア政府から受けた、ソ連収容所の配置図を見比べた。すると、予想は的中し、ポリゴンを囲むように、日本人収容所があった。

ソ連核関連施設と日本人収容所の位置を関係づけるにあたり、Times の世界地図を参考にしながら、インターネット上のグーグル・アースで場所を確認し、地図を作製する方法をとった。二至村菁(にしむらせい)氏が作製された日本人収容所概見地図にソ連の核施設であるマヤークとポリゴンを配置した。

二つの核施設の周辺に1万人前後の日本人収容所が配置されていることがわかる。私はセミパラチンスク核実験場の地図と厚生労働省が作製した日本人収容所配置地図を相互比較し、一つの地図にまとめた。それに加え、現在最も信頼できるグーグル・アースに、核実験場と厚生労働省

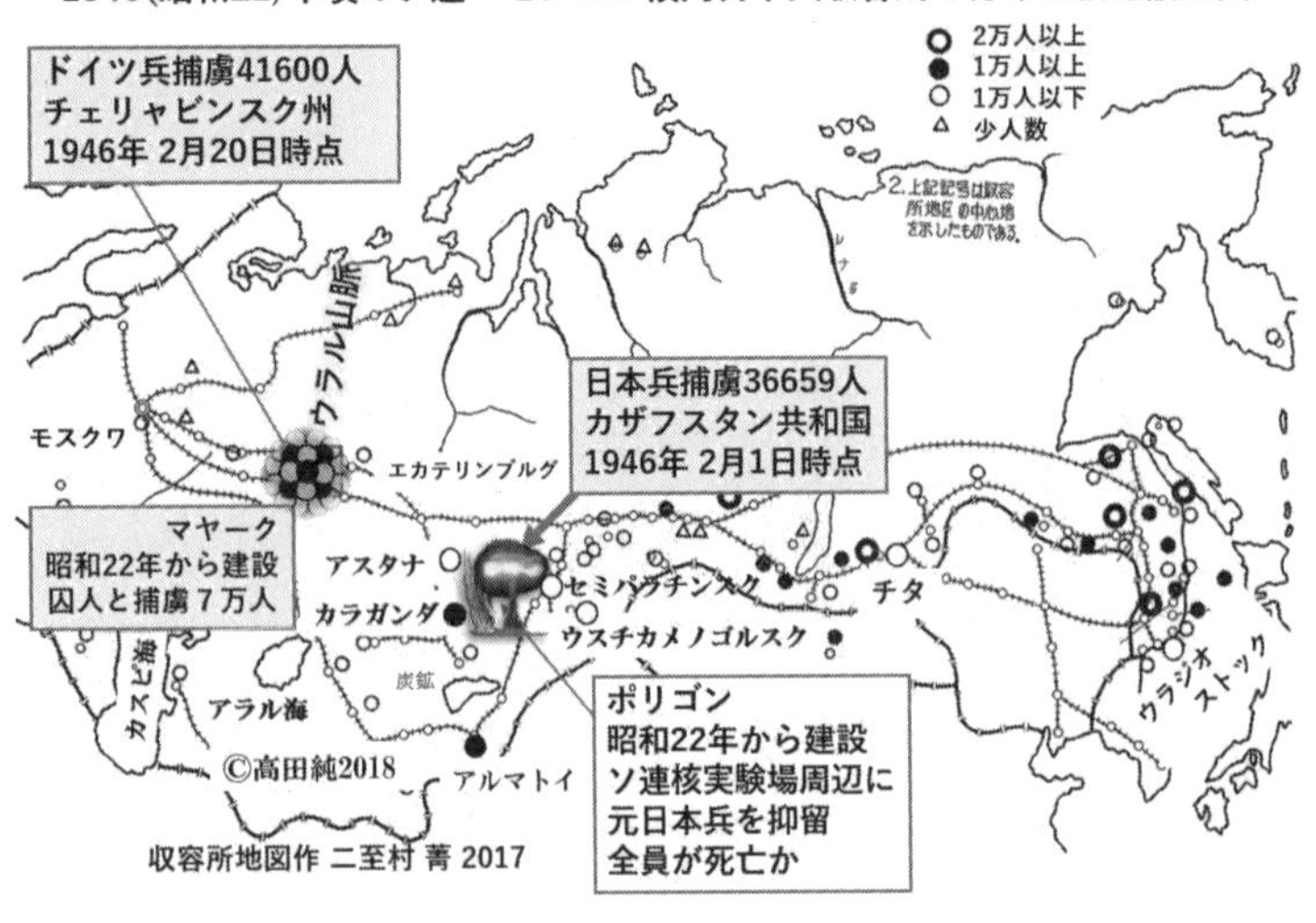

1946（昭和21）年頃のソ連・モンゴル領内日本人収容所の分布と核施設地図

が示す収容所の位置と地名とを重ね、確認作業を行った。

　すると「ポリゴン」は、イルティシュ川の南側に位置し、周囲に日本人収容所があることが確定できたのだ。北側にパブロダル、東側にセミパラチンスク、工業都市ウスチカメノゴルスク、西側にカラカンダ、アスタナの街がある。アスタナはカザフスタンの首都で、１９９７年にアルマトイから遷都した。当時は、アクモリンスクと呼ばれている。

　厚生労働省の資料における収容された日本人の数は、二至村菁氏作製地図によれば、カラカンダ1万人以上、アスタナとウスチカメノゴルスク1万人以下である。4カ所の合計収容人数はおよそ3万

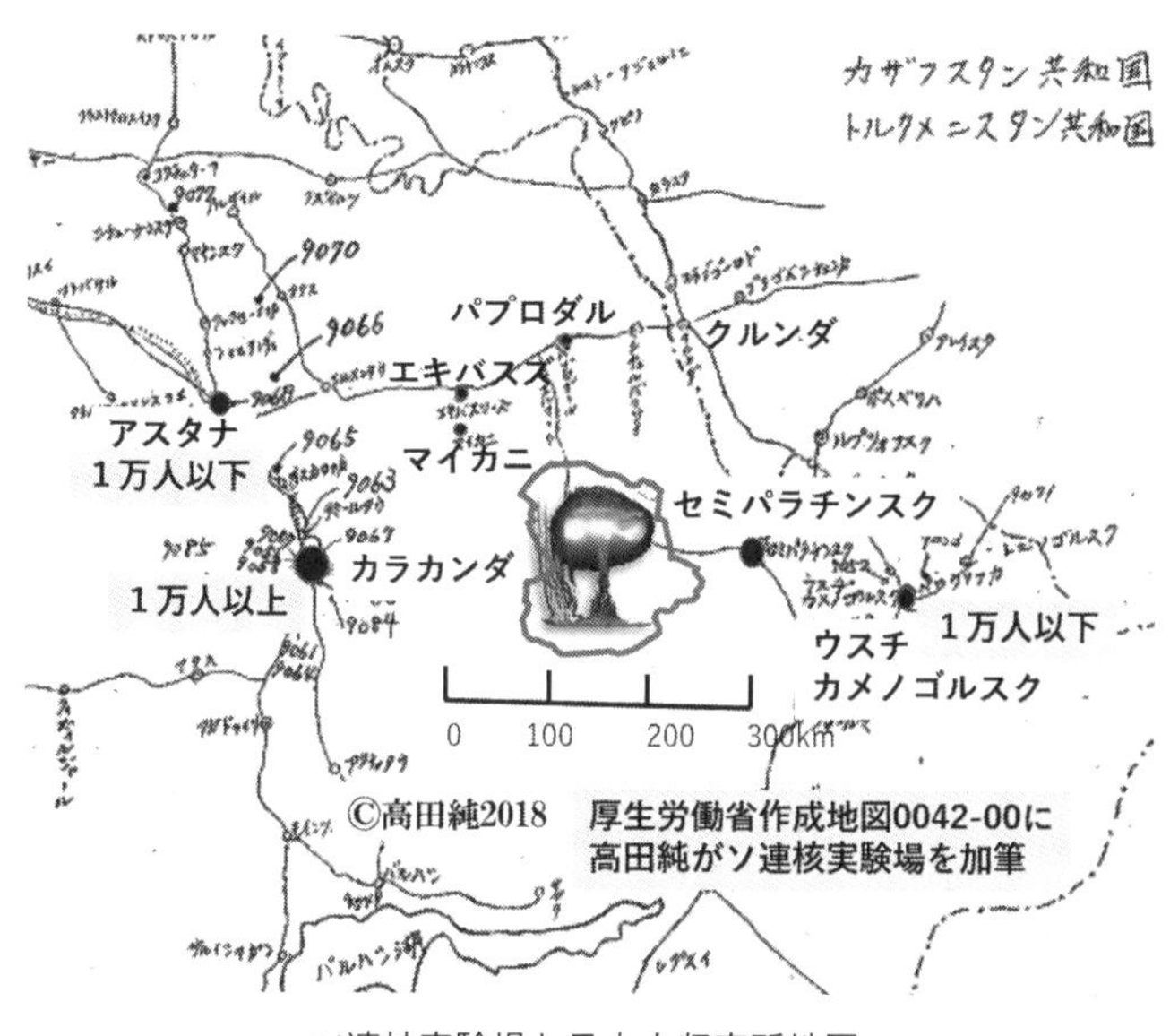

ソ連核実験場と日本人収容所地図

人に及ぶ。

　こうした史実から、日本人抑留者たちが、ソ連の核実験場建設と運用に使用された可能性は排除しにくい。

　死ぬまで強制労働をさせ、死体を秘密裏に埋葬したに違いない。その埋葬地は、ポリゴン内にあるはずだ。ソ連が強力に推進した核武装の秘密を知った抑留者や囚人たちを、ベリヤたちが解放するはずはない。

　ソ連に抑留された58万人におよぶ日本軍将兵の一部は、カザフスタン共和国に移送された。その数は5万8千人と言われている。カザフスタン北部の核実験場の建設工事や、爆発跡で、苦しく、危険な作業をさせられて死んでいった。スターリンたちは、ソ連の極秘の情報を知った日本人たちを、生きたまま帰国させなかった。四国と同じくらいの面積となる広大なソ連の実験場の周囲は、鉄条網が張り巡らされていた。ベリヤたちは抑留日本兵たちに、この柵も建設させたのであろう。全長はおよそ580キロメートルと私は推計した。

住民が立ち入らないようにしているのだが、日本兵たちの脱走を阻む役割もあった。果たして、ポリゴンを取り巻く長い柵の建設に、総員何人がかかわったのだろう。

10人一組の作業班が全て人力で鉄条網を張ると仮定して、1日10メートルずつできるとする。それには、穴を掘って、木の杭を運び込む、杭を埋める、鉄線は運び込む、鉄線を張る作業がある。100日間の作業で、1キロメートルの柵ができることになる。580組の作業班が一斉に柵建設に取り組めば、100日でポリゴン周囲の柵は完成する。すなわち、それだけで約6千人の元日本兵が必要になる。

この地域は、1995年に私が現地で見た限り、森はない。わずかな草が生えているくらいの土地だった。だから、遠方の森林から必要な木材を伐採し、当地へ輸送しなくてはならない。その要員も多数必要だ。

実験にかかわる科学者の住居や実験を指揮する本部のある都市建設が急がれた。ポリゴンへの道路建設、ポリゴン内部の整地と道路網の建設に、とにかく多数の要員が必要だった。

ポリゴンの建設は１９４７年に始まるので、それまでに必要な工事は完了させせなくてはならないのだ。

私たちが、１９９５年10月に被曝レンガの採取に訪れた、鉄路のチャガン駅舎のレンガ造りの建設も、日本兵が行ったのだろうか。あの時は、そんなことは思いもよらなかったのだが。あの鉄道は、ベリヤの命令で建設されたと、現地で聞いた。

その後、２０００年に、ロシア政府から日本政府へ、日本人抑留者の登録ファイルが提供された。厚労省が入手した資料によれば、ポリゴン周辺に配置された元日本兵の数はおよそ３万人である。ソ連の実験場建設には、それだけの人数の日本人が必要だとベリヤは判断したのだろう。

実験場関連の工事は、１９４５年の秋には始まった。ポリゴン内部の工事が１９４７年に開始されたので、それまでに、そこへつながる道路網や鉄路の工事が終わっていたのではないか。

威力１４０キロトンのクレーター核爆発によるダム建設は１９６５年、東京オリンピックの翌年だった。強烈な放射線の中での作業で、高線量を浴び衰弱し、治療されることなく、最後は息を引き取った。ポリゴンの土の中に、ご遺体は埋められているはずだ。

ポリゴンでの核実験は１９４９年に始まり、１９８９年に終わるまで、延べ４５９回行われた。ソ連最高機密の核武装のための実験作業に関わった抑留日本兵たちは、決して解放されるわけがない。

レンガ造りのチャガン駅　内務大臣ベリヤの命令で建設された鉄道の駅

ロシア政府は独立したカザフスタンに対して、ポリゴン内の地面を掘り起こすことを許可していない。私は2002年9月、本格的にポリゴン内を調査する際、カザフスタン側の科学者に、そう言われた。それは、その地に無念にも埋められたと想像できる多数の遺骨の存在と関係ありそうだ。

東京から5千キロメートル離れた地に眠る遺骨は、未来必ず発掘され、DNA鑑定で日本人であると判明するだろう。私はそう確信した。

旧ソ連への人道を優先させた日本財団の医療支援があって、人的交流が活発化した。疲弊した旧ソ連時代からの経済もようやく立て直しの兆しが顕著になっている。

ロシア政治指導の第一人者ウラジーミル・プーチン大統領には、日露間の明るい未来を切り開くための前提として、ソ連時代の核関連施設で死亡した日本人の名簿と埋葬地の情報を開示していただきたい。

私の叔父は、シベリア抑留の後、帰国した。溶接技術の特技のあった彼は、ソ連で重宝され、栄養失調になることなく、日本へ戻ることができた元日本兵である。彼らの言葉から、ポリゴンで無念の死を遂げた戦友の話は聞けるはずもなかった。それは、ソ連最高機密である。

日本へ帰国し、ソ連の影響のもと戦後日本で国際共産主義運動の旗を振ったのが日本共産党や日本社会党左派の党員たちだ。ソ連や中共、北朝鮮の核武装を黙認し、時に擁護する彼らの「反核」、「反原発」、「脱原発」とは一体なんなのだ。彼らこそ、真っ赤に染まったトロイの木馬である。

共産主義思想は幻想である。共産主義者の現実の政治闘争は神をも恐れない非道な大量虐殺と隠蔽、そしてデマだ。目を覚ませ、日本人の「木馬」たち。

第四章

楼蘭水爆を隠蔽した中共と日本のマスコミ

中共の核実験によるカザフスタンへの放射線影響調査の目的で、2000年8月に、日本の科学者はカザフスタン科学者とともに、東部の国境の町マカンチなどを訪れた。新疆ウイグルでの核爆発からの放射性降下物が顕著にあったという。

険しい悪路を、車で飛ばす危ない調査旅行だった。カザフの女性科学者は、その時、車内でふっとんだ機材が胸に激突し重傷を負った。残留放射能のリスクは全くなかったが、調査旅行自体にリスクがあった。隣国チャイナの核爆発は、1995年最初のカザフ訪問から話題になっていたが、こうしたリスクを伴いながら、ようやく実現した。

軍隊が警備する国境まで行った。その地より東は新疆ウイグルである。そこは、日露戦争で日本が勝利した直後、セミパラチンスクから新疆へ日本の僧侶が歩いた、国境の町バフティーである。その同じ地に、私は立った。その時、私は僧侶の名を知らなかった。

グゼフからは、

「昔、イルティシュ川を蒸気船で上ってきた日本の僧侶がいた」

と、私は聞いていた。しかし、その目的と結果は知る由もなかった。

知ったのは、それから11年後の2011年3月だった。私が主催した、東京都文京シビックセンターでの、中共に自由を奪われた現在のチベット、ウイグル、南モンゴルの実態を明らかにする「シルクロード今昔展」開催で、その物語が明らかになった。

１９１０年、20歳の橘（たちばな）瑞超（ずいちょう）が従僕ホッブスとともに、セミパラチンスクから、タクラマカン砂漠を縦断し、チベットをも調査した。仏教文明がテーマだった。（『中亜探検』）

90年後の２０００年、私たち日本の科学者は、アルマトイから北東に向かい、バフティーを経由し、セミパラチンスクに到着した。

バフティーから南東方向には中共の核実験場がある。しかし詳細は不明であった。中共政府が公式に公開した資料はないし、第三国科学者の調査研究を完全に遮断している。あの政府には、人権も正義も通用しない。

一方、米ソは自国の核実験の詳細を開示した。しかも、第三国の科学者の調査研究を許可した。中共の隠蔽体質は、核武装でも顕著である。

国境の町の病院では、チャイナの核実験影響を心配していた。この地は、ソ連セミパラチンスクでの核爆発に加えて、チャイナの核爆発の影響を受けた可能性があった。現地では、胎児にその影響があるという。

その時私は、チャイナ核実験で最大の被害を受けているのは現地ウイグル人たちであると直感した。それは日本の〝公共放送局〟ＮＨＫが長年にわたり放送していたシルクロード番組のロケ地である。

中央アジアの核実験場の地図。ソ連最大0.4メガトン、中共最大4メガトン。

この国境調査が、私のチャイナ核爆発災害研究の出発点となった。その後の研究から、未曽有の核爆発災害が楼蘭遺跡周辺タリム盆地であったことが判明した。そして、中共の事実隠蔽に加担していたのが日本放送協会だと、私は気づいたのだ。残念な日本の公共放送である。世界の恥だ。

その地での核爆発は平成8（1996）年まで続いた。その間の危険を隠蔽しデマ放送となったNHKのシルクロード番組。結果、多数の日本人が現地周辺を観光した。NHKの大罪である。

ソ連の監視と私の線量計算が一致

中共の核実験による放射線影響は、ソ連時代より隣国のカザフスタンで調査されていた。中共の核爆発直後に飛来する核分裂生成物の放射線影響ついてのカザフ・ロシアによる調査報告書を、私たちは2001年9月に入手した。

その中には、核実験の全年表があった。爆発年月日、地表・空中・地下の爆発分類、爆発高度、爆発威力、爆弾の種別（核分裂・熱核融合）のデータがあった。

中国共産党は、ウイグル人の居住区であり、シルクロードの要所である東トルキスタンで、居住区としては世界最大のメガトン級の核爆発を実験と称して強行した。総核爆発は46回、22メガトンに及ぶ。爆発エネルギーで比較すると、広島の1375倍にもなる。

最も危険な地表核爆発は3回のメガトン級の水爆だった。1967年6月17日2・4メガトン、1973年6月27日2・5メガトン、1976年11月17日4・0メガトン。これらが周辺に人口がある内陸の地表で炸裂したので、莫大な量の放射能を含む「核の砂」が舞い上がり、風下に降ったのだ。住民の避難があったとの情報はない。しかも実験場をとりまく境界線の柵は建設されていない。

ソ連セミパラチンスク核実験場での最大の核爆発は、1953年8月12日の0・4メガトンである。中共の最大核爆発と比較すると10分の1と小さい。この際には、近隣の住民は、放射線防護のために、事前に避難させられたという証言がある。

中共の核実験は全てソ連に監視されていた。優秀なソ連科学者は、放射能降下地域の線量調査をしていた。地表に降った核の黄砂の放射能分析、人体線量の評価も含まれていた。

国境の町マカンチでは、胎児が影響を受けるリスクのある100ミリシーベルトの線量値が計測された。爆発地点から、おそらく1千キロメートルは離れている地で、100ミリシーベルトとはもの凄い核爆発に違いない。これらのレポートが、独立したカザフから、日本の科学者へ渡されたのである。

2011年に起きた福島軽水炉事故で県民が受けた線量は、30キロメートル圏内でさえ10ミリシーベルト未満の低線量である。大多数の県民は1ミリシーベルト以下の低線量で、県民たちは健康被害を絶対に受けないレベルだ。

「日本の木馬」である当時の民主党政権は、福島県民の線量調査をしっかり行わないまま、緊急避難させ、30キロメートル圏内を立ち入り禁止とした。こうしてこの地をブラックボックスとし、国民へ原子力発電事故の恐怖を煽ったのだ。

私は、数年間かけて、メガトン級の核爆発が地表であった場合の風下地域の人たちが受ける線量計算方法を開発した。この計算が、隠蔽されてきた中共の核爆発災害の危険を暴くことになった。

計算の基本理論は、『核兵器の効果』というアメリカの教科書にある。この書は合衆国国防省が準備して、合衆国原子エネルギー委員会が１９５７年に出版した。広島大学原医研の物理学者たちには知られた書である。

基本の外部被曝計算式を、私はマイクロソフト社の表計算ソフトで作成した。爆発の威力に比例した量の総放射能を求め、風速と風下地点までの距離から核の砂が到着するまでの放射能の減衰を計算する。これから、任意の時間間隔で線量を計算できる。元々の基本データは、アメリカネバダの核実験で得られている。こうして開発した地表核爆発後の風下地域の線量計算方式を私は放射線防護計算システム・ＲＡＰＳと命名した。

最初は1キロトン威力の携帯型小型核兵器のテロ攻撃を想定し、この計算方式でその影響力を推定した。２００１年9月11日に発生したアメリカ同時多発テロ後に、私は核兵器テロ対策研究に注力した。（『東京に核兵器テロ！』）

ついで、２００６年の北朝鮮の最初の地下核実験を想定した、20キロトン爆発からの漏洩放射能の日本列島への影響予測を行った。翌２００７年、ＩＡＥＡの国際会議で私はその予測を監視結果とともに報告した。

そして中共のシルクロードでのメガトン級の大型地表核爆発の計算を行うことになった。私の計算結果と、ソ連時代のカザフ国境での線量評価値とが良い一致をみた。これで開発した計算方式ＲＡＰＳの妥当性が検証できた。この研究成果は、その後、思わぬ方向に向かったのだった。それが、今回の「トロイの木馬」のあぶり出しに繋がった。

令和の今、私は新疆ウイグルに入れないし、チャイナには入国できない。〝指名手配書〟が回っていたのだ。知り合いから聴いたことだが、日本人写真家が新疆の風景撮影していたところ、現地警察に連行された。そして、この男性を知っているかと見せられたのは私の顔写真だったという。

日本国内には相当数の中共スパイが潜入している。中共領事館が留学生たちを支配し日本のあらゆる情報を収集している。私の写真を得るのは簡単だ。

私はその写真家と面識はなかったが、後日、対面することになった。彼はウイグルの普通の暮らしと風景を写真に収めていただけだった。しかし、この事件以後、その写真家は中共を恐れるようになった。

２００4年2月、私は、物理学教授として札幌医科大学医学部に移籍した。放射線防護をテーマとして、タリム盆地での中共メガトン地表核爆発後の風下の線量計算に取り組んだ。その計算結果は、カザフ国境の町でのソ連の線量評価値と一致した。独立した二つの研究結果が一致したのである。

私は２００8年7月に日本語の原著科学報告書『中国の核実験』を出版するまで、途中経過を学会発表することはなかった。チャイナ政府からの妨害を完全に避けるための策だった。しかも、国際社会がチャイナの人権問題の改善を迫った北京五輪の8月開催に間に合わせた。

同年10月、ブエノスアイレスで4年に1度開かれる国際放射線防護学会で、中国の核実験災害研究の成果を報告するための旅の途中、ワシントンＤＣに立ち寄った。この災害の最大の被害者であるウイグル人の国際組織「世界ウイグル会議」総裁でノーベル平和賞候補者となったラビア・カーデル女史と会談するためである。この問題に明確な見解をもつ彼女は、私の研究成果を喜んだ。その時私は、科学報告書の英語・ウイグル語への翻訳出版を約束した。

英語・ウイグル語版の『中国の核実験』は２００9年3月に刊行できた。私はすぐにラビア・カーデル女史のいる在米ウイグル協会へ郵送した。

同月26日に開催された広島国際シンポジウムで、研究成果を報告した。その際に同席したカザフスタン放射線医学環境研究所の所長へ、同報告書を手渡した。この中国の核実験は国境を接するカザフスタンに顕著な核放射線影響を与えていたのだった。その隣国へ与えたリスクは、国際放射線防護委員会が各国へ勧告した公衆の線量限度ならびに放射線業務従事者の年間限度を上回るものであった。私の科学報告書は、第三国の立場から、それを証明した。中国の核実験災害は、この時点で、国際問題化した。

安全策の不在が招く国際問題

英語・ウイグル語版の出版に合わせて、3月18日に憲政記念館で、シンポジウム「シルクロードにおける中国の核実験災害と日本の役割」を日本ウイグル協会主催で、私たちは開催した。人道上の問題の存在と現地被災者であるウイグル、チベット、南モンゴルの人達への科学プロジェクトの始動を世界に情報発信した。

私は壇上に上がり、中共による新疆ウイグルでの未曽有の核爆発災害の調査研究成果を発表した。アメリカ、ソ連、中共の核実験の安全性の比較もしながら、ウイグルでの危険な実態を、科学データをもって報告した。

核実験における安全性において、米国、ソ連、中国を比較すると、中国の実験のとんでもない危険性が浮き彫りにされる。米ソとも居住区での核爆発実験のために、公衆が立ち入れない管理区域となる広大な実験場を建設した。米国はネバダ核実験場やマーシャル諸島の侵入禁止海域であり、ソ連にはセミパラチンスク核実験場があった。

前者は広く知られており、省略する。後者のソ連の核実験場は、3章で述べたように、四国ほどの面積の土地から人々を外へ移住させ、周囲に鉄線で囲いを設け、実験場に侵入する道路への入出を厳密に管理していた。

ソ連は広大な実験場といえども場外の公衆の安全を配慮して、最大の核爆発威力を0・4メガトンに抑えた。しかも、その核爆発を実施する際には、核の砂が降ると予想された風下の村の人々を事前に避難させる措置も一部だがとっていた。

一方、中国の核実験では安全対策のための管理が行われていなかったという、現地ウイグルの人々の証言あり。日本の法律に従うならば、メガトン級の地表核爆発実験を想定すると、半径2千キロメートル以上の管理された核実験場でさえ、実行できないことが、RAPSでの計算から予測される。日本の放射線障害防止法は、国際放射線防護委員会の勧告に準拠しているので、欧米の民主国家は全て、国内でその種の核実験は不可能であるとの結論になるのは間違いない。

この考察も、北京政府の実施した核爆発が蛮行であることを証明する。しかも中国の核爆発地点から半径2千キロメートルの円を描くと、中共の領土外になってしまう。すなわち中共の核実験は、隣接国へもリスクを伴う核放射線影響を与えていたことになる。これは国際問題である。

中共がシルクロードで実施した核爆発は、ソ連がカザフスタンの地で行った最大の核爆発0・4メガトンの10倍も大きい。長崎へ投下された核の200倍である。ソ連は居住区近くでの核爆発の威力を抑えて、ある程度安全に配慮をしていたと考えられる。一方、中共は、ソ連ほどの面積の実験場さえ建設せずにメガトン級の核爆発をしていたのは、ウイグル人の証言ばかりか、衛星写真からも明らかである。

広大な核実験場の建設は軍事上の機密保持ばかりでなく、国民の安全を守る意味も大きい。しかしながら中共政府は、そうした周辺の人民の安全対策としての核実験場を建設しなかった。彼らは、核弾頭の爆発性能を試験したり、核軍事演習したり、殺傷能力を調べたが、安全意識は全くなかった。北京から離れていればよい。

楼蘭(ろうらん)遺跡の周辺とその北部の山地に幾つかの核爆発があったと考えられる地点を私は認めたが、全爆発地点＝ゼロ地点の所在地を確認はできていない。中共政府は、そうした情報さえ開示していない。21世紀の今も、隠蔽されたままである。

中共の核の蛮行は史上最悪

地表で核が爆発すると、摂氏100万度以上の火球が地表を覆い、核物質と大量の砂が混合し上空へ舞い上がる。この「核の砂」が風によって運ばれながら降下してくる。この砂粒一つひとつが高エネルギーのガンマ線、ベータ線やアルファ線を放射する危険極まりない核の砂である。この風で運ばれた核の砂により、遠方の人たちが核放射線影響、健康被害を受ける。

私は、日本の防護を目的として、核爆発災害の影響の度合いを科学的に計算する方式を開発してきた。それは２００１年9月11日に米国中枢を襲った国際テロの発生が契機となった。国民保護の課題として、核兵器テロ防護および弾道ミサイル防護研究をしている。そして、わが国の国民保護における核放射線防護課題研究の推進のため、放射線防護医療研究会を２００５年に発足させた。

前述のＲＡＰＳの基本計算方式を２００２年に開発した。その後、水爆に対しても計算できるようになり、中国の３回のメガトン核爆発に対して計算した。１千キロメートル離れたカザフ国境の町に対する線量値が、ソ連方式で計算されたカザフスタンの報告値と良い一致を示した。その値は、胎児が影響を受けるリスクレベルだった。(『中国の核実験』)

楼蘭遺跡の近くで行われた３発のメガトン核爆発に対する核放射線影響の計算の結果、核の砂による急性死亡は19万人となった。すなわち、核の砂が降って、住民が全員死亡した村が数多くあったということになる。急性死亡のリスクＡ区域は、２メガトン地表核爆発では、風下およそ２４５キロメートルに及ぶ。その距離は、横浜―名古屋間に相当する。

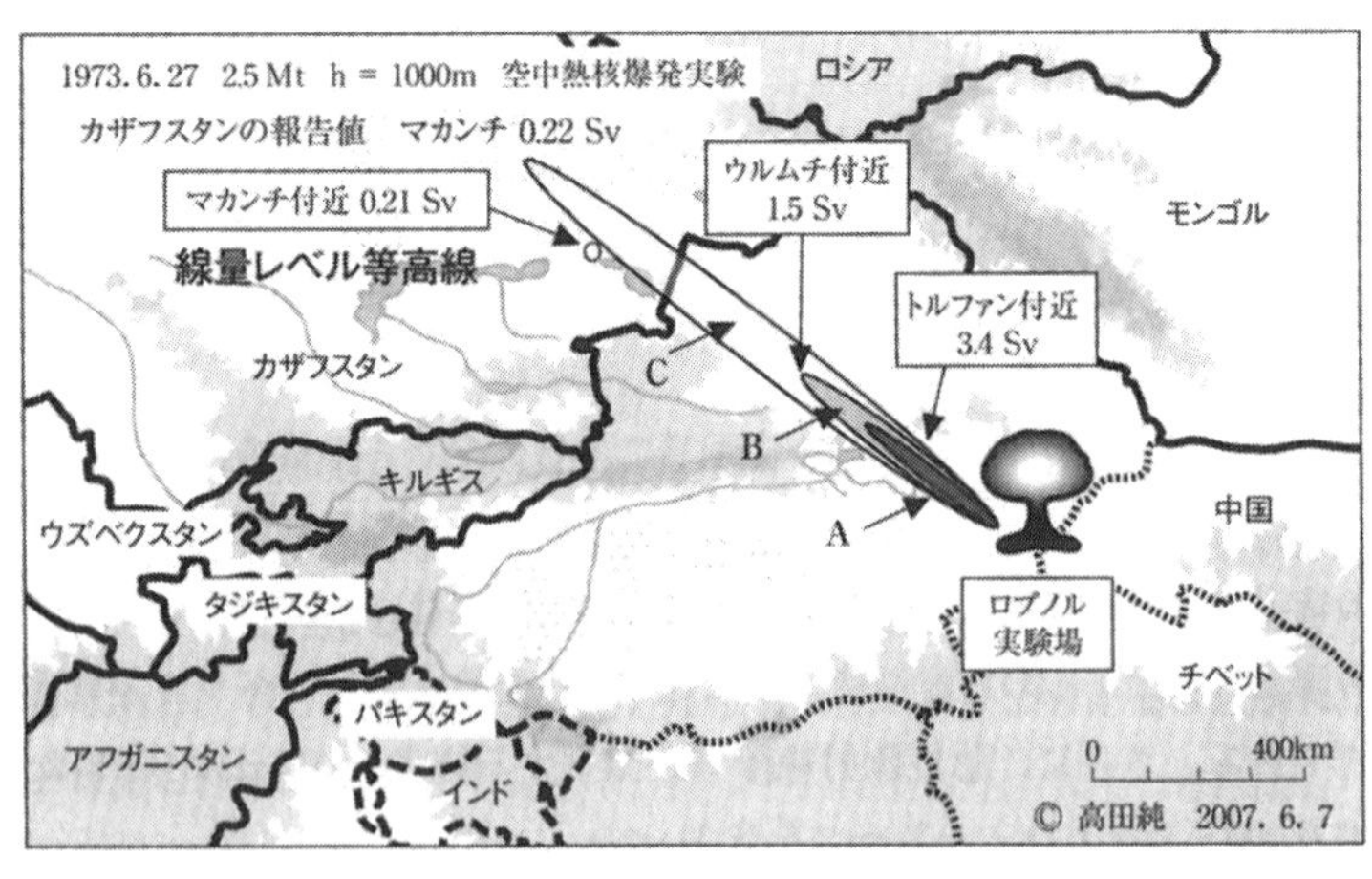

ロプノル地表核爆発2.5メガトンからの「核の砂」降下地域の線量計算結果。
実効風速47km/h　(A、B、Cの意味は88頁の線量レベルを参照)

その他、死ななかったものの急性症を起こして、白血病などを誘発する甚大な健康被害を受けた人たちは129万人となった。この急性放射線障害のリスクB区域は、2メガトン地表核爆発では、風下およそ440キロメートルに及ぶ。この距離は、東京―大阪間に相当する。

カーデル女史は、中国政府がウイグルの生存者に対し如何なる医療補償も提供していないことを強く非難している。すなわち、現地の100万人を超える多数の被災者は医療的に救済もされず放置されているのである。この人命を無視した非道が、21世紀の世界で許されるはずはない。

共産党政府が強行したメガトン級地表核爆発で生じた大量の核の砂が、東京都の136倍以上の東トルキスタンの広大な大地に降下した。

この核の砂が、人および環境に甚大なる核放射線影響を与えた。その地域の顕著な健康被害として、3万5千人以上の死産・奇形などの胎児影響、3700人以上の白血病、1万3千人以上の甲状腺がんの発生が推定された。

共産党は、現地ウイグル人を自国民とは見なしていないのではないか。彼らを実験材料の一種と見ていたに違いない。安全なくして実験なしと、日本人科学者は教育されている。中共のシルクロードでの核爆発は、とても実験といえる代物でない、核の蛮行だ。私は世界の核災害を科学調査してきたが、これほど酷い事例を知らない。その実行者は悪魔に違いない。中共の核の蛮行は、前世紀から21世紀に続く史上最悪の人権・人道問題と言いたい。

アニワル・トフティ医師の証言

BBC放送のドキュメンタリー番組「死のシルクロード」で証言し、直後にイギリスへ亡命したアニワル・トフティ氏は、シンポジウムの壇上で話した。

「私は、東トルキスタンのコムル、中国の呼び方ではハミという町で生まれ、ウルムチで育ちました。1973年、小学校4年生のとき、今もはっきり覚えていますが、ウイグルのウルムチ市で3日間連続して砂が降りました。そのとき、学校の先生が、『この砂は宇宙から降ってきたものので、地球のものではない』と教えました。私は高田先生のデータを見て、その時の砂は核実験によるものだったと確信しました」

私は、トフティ氏の証言に、補足の説明をした。

「その時の核爆発は、2・5メガトンの威力の大型水爆です。高度1キロメートルでの爆発ですが、火球の半径も1キロメートルあって、地表に接触する地表核爆発になります。その日の風向きは北西方向で、爆心地で舞い上がった莫大な量の核の砂は、ウルムチの方へ向かい、そして降ったのです。

屋外にずっといたら、1シーベルト以上の危険な線量を受けていました」

ついで、トフティ氏は、90年代の居住区に近い場所での羊飼いの被爆事故を話した。

「1993年、私は弟の結婚式に参加するために、ふるさとコムルに帰省しました。このとき、私はゴビ砂漠の羊飼いに会いました。彼は私たちに『私はある日、神様とお会いしました』と話しました。私たちは彼に、その時の模様を尋ねました。

3年前、軍人が彼のところにやってきて、この地域はあなた1人だけに羊を飼うことを許可するから、あなたは安心して飼ってください。最後はあなたが飼っている羊を私たちが全部買い取ります、と約束して帰ったそうです。それからしばらく経ったある日、ものすごく明るい光が輝きました。その光は太陽よりも明るかったのでした。そのとき彼は、神様だ、と信じ、その場でお祈りをしました。

彼が話しているとき、私は彼の左側に座っていたので、彼の右側は見えませんでしたが、彼が帰るとき、彼の右側が見えました。右側半分は火傷の跡が残っていました。そのときは気にしなかったのですが、今は、彼が体験したのは核実験だったと確信しています。

彼が神様と会った直後、軍人が車でやってきて、彼の羊を全部買い取りました。それから、彼を病院に連れて行き、治療したのです。しかし、95年に、彼は亡くなりました」

この証言から、核実験部隊は、その老人と１００頭の羊を生体実験の試料にしたことがわかる。羊飼いの被爆地点は、楼蘭遺跡から少なくとも、北西方向４００キロメートル離れている。

そして、この事例は、中共の核爆発地は広範囲にあった証拠である。ソ連のように、実験場を囲む柵が建設されていないのだ。危険極まりない、蛮行だ。

カザフスタンから入手した中共の核爆発年表から、老人が被爆したのは、１９９０年9月25日、15キロトンの爆発と考えられる。その年は1回きりの核爆発だった。

これは、浅い地下に核弾頭を埋めたか、山裾のトンネルの入り口から近いところでの核爆発だったのであろう。この種の核爆発が最も危険である。火球が噴出し、核の砂が大量に舞い上がる。そして地震のように大地に衝撃波が走るのである。これは、地下核爆発とは分類されない種類である。浅く埋めての核爆発はクレーター核爆発と呼ばれる。これは広範囲に汚染をもたらす最も危険な種類の核爆発である。

中共の核実験のデータは公式発表がないが、筆者が入手していた年表には、１９８1年以後は、全て地下での核爆発との記録になっていた。この証言は、〝地下〟とされていたものに地下核爆発ではない、危険なクレーター核爆発が含まれていたことの証拠である。

すなわち、共産党が、１９９６年まで非常に危険な核爆発を、シルクロード・ウイグル地区で繰り返し実施していた状況が見えてきた。

ＮＨＫが隠蔽と嘘の報道をして、大江健三郎氏が黙認してきた核の蛮行は、平成時代にも続いた。現在の「脱原発」運動の扇動と報道に、日本人は騙されてはいけないと、私は強く思った。

ウイグル地区の高い発がん率

１９９４年、トフティ氏が勤務するがん治療部門の責任者が言った。

「アニワルさん、あなたはウイグル人は漢人より体が丈夫だと言っているが、40床あるベッドのうち10床もウイグル人が使っている」

ウイグル地域の鉄道局に所属する職員数は16万人で、そのうち漢民族以外の人間はわずか５千人に過ぎない。ウイグル人は５千人のうち10人ががんになっているのに、中国人は15万人のうち30人しかがんになっていなかった。

その時から、トフティ氏は秘密裏に調査した。その結果、ウイグル地域で1番多い病気は白血

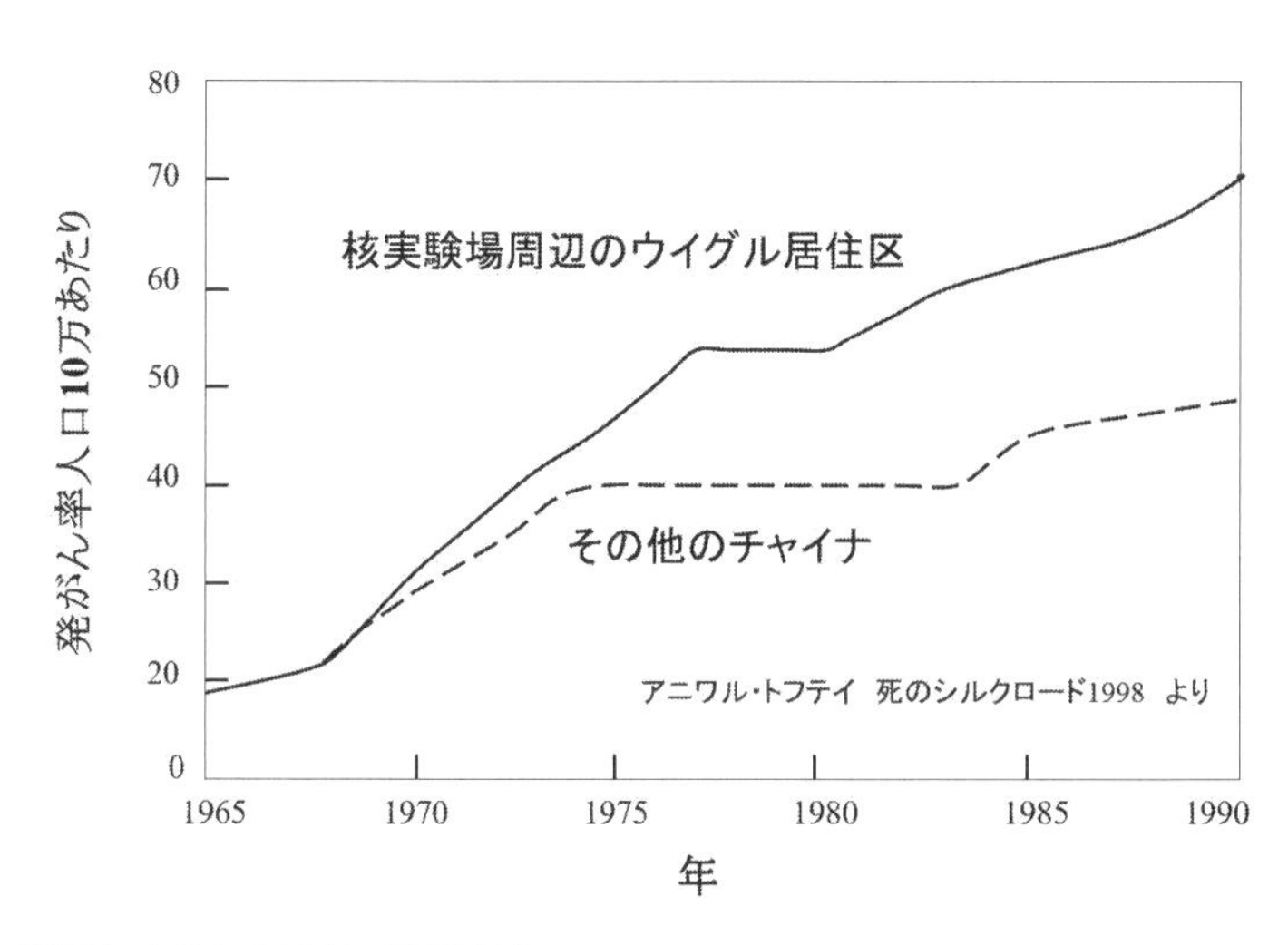

新疆ウイグルでの高い発がん率

病で、２番目がリンパ腫、３番目が肺がんだということがわかった。

ウイグル地域では、ウイグル人だけではなく、長い間、新疆ウイグルにいる漢民族も、発がん率が高い。チャイナ全土の平均発がん率とウイグル地域に暮らす漢民族の発がん率を比べる。30年以上ウイグル地域に住んでいる漢民族は、ウイグルの他の民族と同じく、発がん率が35％高い。20年前後ウイグルに住んでいる漢民族の発がん率は25％高い。10年前後の漢民族は15％高い。10年以下の場合は、発がん率はチャイナ全土の平均値とほぼ同じレベルだった。

チャイナでは、全ての省に、かならず１つのがん専門病院が存在する。ウイグル地域のがんセンターは、１９９４年のベッド数は約

400床あった。2008年には約2000床に達した。

一番人口の多い河南省のがんセンターの場合は、1994年のベッド数は約500床で、2008年は約800床に増えた。

なぜ人口の少ないウイグル地域のがんセンターのベッド数が、これほど急増したのか。なぜ人口が一番多い河南省ではあまり変わらなかったのか。これは重要なことを示している。

ウイグルのがんセンターは今、中国で一番大きくなった。人口が少ないウイグル地域にがん患者が多い理由は、核爆発の影響を描いたドキュメンタリー「死のシルクロード」の映像にあった。

トフティ氏は言う。

「みなさんに注意してもらいたいのは、このがんセンターで治療を受けられる人は、お金持ちか、政府機関の関係者だけです。がんになっても病院にいけない人が多数いるだろうということは、十分想像できると思います」

「1996年、ウイグルのコルラの鉄道病院で、私が手術を行うことになりました。その患者の親戚は手術後に、私を山の中にハンティングに連れて行ってくれました。ハンティングしようとしていたのは、非常に変わった体になったネズミでした。普通の人なら、ネズミがそんなに巨大化するとは想像できないと思います。私たちはこれから、その謎をときたいと思います」

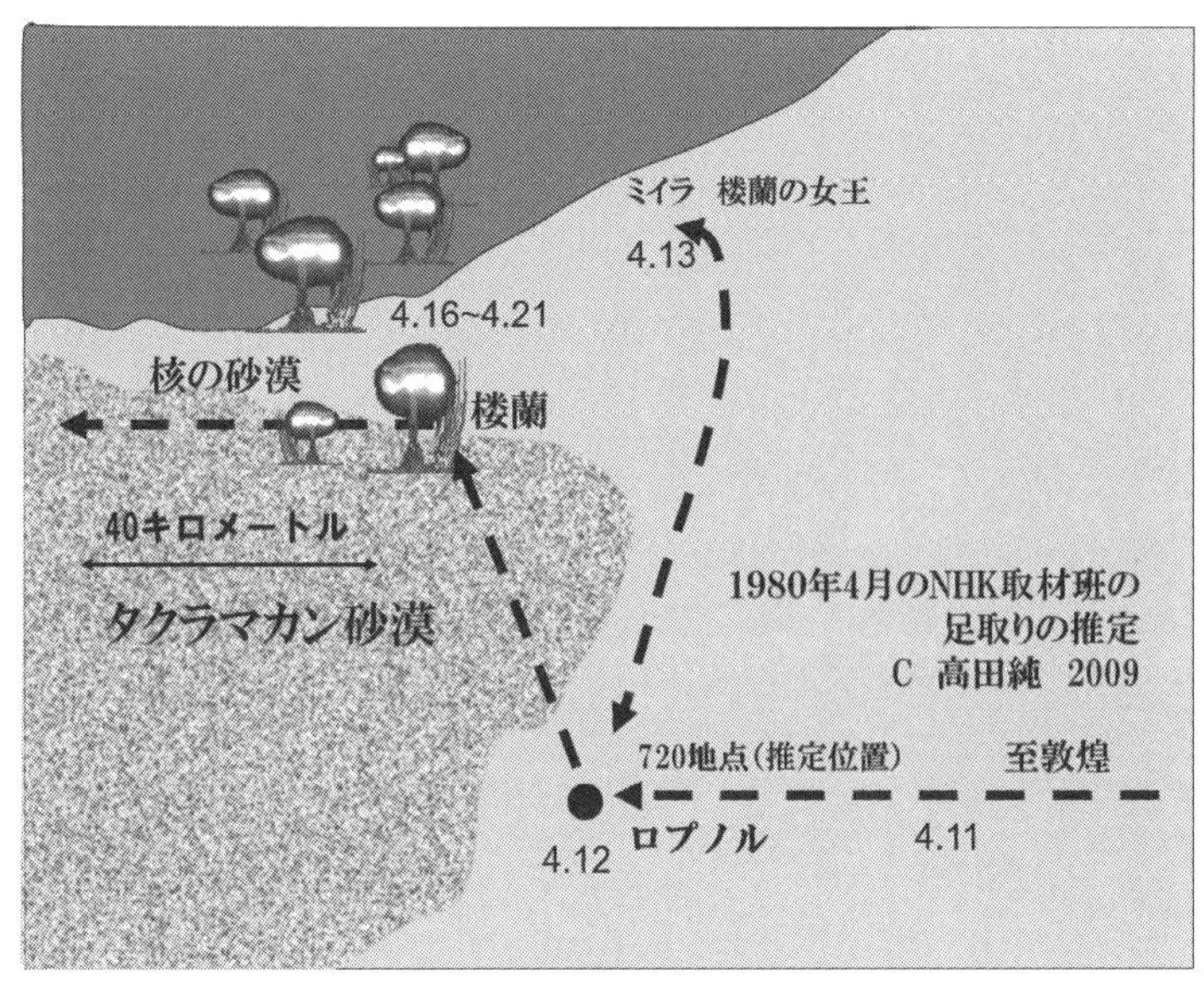

NHK取材班の1980年4月楼蘭周辺の核爆発地帯の足取り

人民解放軍に引率されたＮＨＫ取材班の足取りの愚か

中共が危険なメガトン級地表核実験をシルクロードで強行する期間中、ＮＨＫ取材班はその真っ只中ともいえる核爆発のゼロ地点近傍の「核の砂漠」を巡っていた。愚かにも、その地での核実験の実施を知っての上での行動であった。（『核の砂漠とシルクロード観光のリスク』）

核物質プルトニウムとそれが分裂して生成された多量の放射性物質が混合した核の砂が舞う、わが国の放射線障害防止法が定める線量基準を遥かに上回る危険地帯である。

１９８０年3月29日、ＮＨＫ取材班は敦煌莫高窟（とんこうばっこうくつ）を出発した。次の目的地は西方430キロメートルに位置する楼蘭。総勢15人の一行は、NHK5人、そして九州大学岡崎敬教授の他に、チャイナ中央電視台の職員である。翌日、人民解放軍の蘭州部隊が合流し、取材班を引率した。

4月8日809高地で、NHK取材班らの一行の案内は、蘭州部隊から、その地に到着した中共軍新彊部隊に引き継がれた。それからおよそ3日後、ロプノールがあるとされる場所720地点に到着した。しかし、それらしい湖は、4月12日のヘリコプターによる調査でも見当たらなかった。彷徨(さまよ)える湖の水は、砂漠の地下に消えたのだろうか。

実は、楼蘭の女王ミイラ地点と楼蘭遺跡を結ぶ直線から西側近くに複数のメガトン級の核爆発跡地があったのだった。すなわち、メガトン級の核弾頭が地表ないし地表近くで炸裂したのが原因で、その一帯が極めて危険な核ハザード地帯となっていたのである。核爆発威力で表現すると、NHK取材班は、4メガトン、2・5メガトン、2メガトン、0・6メガトン核爆発ゼロ地点の近傍を巡っていた。

取材班を引率した部隊は、特別な施設の目撃されるのを避けたルートを選んだとも考えられる。その一帯は、核弾頭が炸裂して砂が吹き飛び、その核の残骸と混合することで高レベルに汚染した核の砂漠である。特に4メガトン核爆発は、NHK取材の4年前で、核ハザードが高く残留していたはずである。福島第一原子力発電所近傍の穏やかなラジウム温泉レベルの放射線とは訳が違う。

彼らの全身は核の砂が放つ高エネルギーのガンマ線を、およそ10日間も照射され続けたのである。さらに風で舞い上がった核の砂塵を吸い込み肺に吸着した。これにより、その後の生涯、肺細胞がプルトニウムの放つアルファ線で傷つけられる。その取材で、白血病および肺がんなどの健康リスクを負ったかもしれない。

イギリスＢＢＣは、ウイグルの核ハザードを暴く優れたドキュメンタリー番組を製作した。一方、日本を代表するＮＨＫは、中共に踊らされて愚かな番組を作って、核の蛮行の隠蔽に加担したのだ。

27万の日本人が核爆発期間中に観光！

中共がメガトン級の大型核弾頭を含む核爆発実験を楼蘭遺跡周辺で強行する同じ期間に、およそ27万人もの日本人が当地を観光していた驚愕の事実が判明した。そこで、核爆発災害を科学調査した私が、放射線防護学の専門家の立場から、日本人が受けた核放射線影響リスクについて考察した。（『核の砂漠とシルクロード観光のリスク』）

日中の国交回復後、ＮＨＫのシルクロードの歴史を紹介する番組の影響を強く受けた多くの日本人が、ウイグルを観光に訪れている。１９８１年には年間５千人を超え、１９８５年には年間

1万人を超える日本人が、その地を訪問している。核爆発実施期間中にウイグルを訪れた外国人は、旧ソ連を除けば、日本人が最も多かったのである。

多くの日本人が観光していたシルクロードは、核爆発地点のごく近傍や、爆発後に多量に降った核の砂で汚染された地域だった。メガトン級の大型核爆発は、楼蘭遺跡の周辺で行われたが、その他の核爆発地点の多くは未だ不明のままである。

老羊飼いの被災地点は、東トルキスタンの東端である。その地は、1970年前後に3回のメガトン級核爆発を実施した場所から、北東方向におよそ400キロメートル離れている。この事実から、中共政府は、核爆発を特定の区域内に限ってはおらず、東トルキスタンのあちこちで実施していたと考えられる。

中共政府が、東トルキスタンの各地で地下核爆発を起こす真の目的は、地下資源開発にあると、私は見ている。ソ連も、シベリア東部のサハ共和国の地で、70、80年代に地下核爆発を利用して、地下資源開発を行っていた（『世界の放射線被曝地調査』）。ソ連を見習った中共が、侵略し支配したシルクロードの大地でその種の核爆発による資源探査を行わない訳がないだろう。

東トルキスタンの石油と天然ガスの埋蔵量は、それぞれチャイナ全体の埋蔵量の28％と33％を占めている。現在、その地の経済発展は、油田開発に大きく依存しているようだ。

各地に暮らすウイグル人のほか、シルクロードを訪れた日本をはじめとした外国人観光者たち

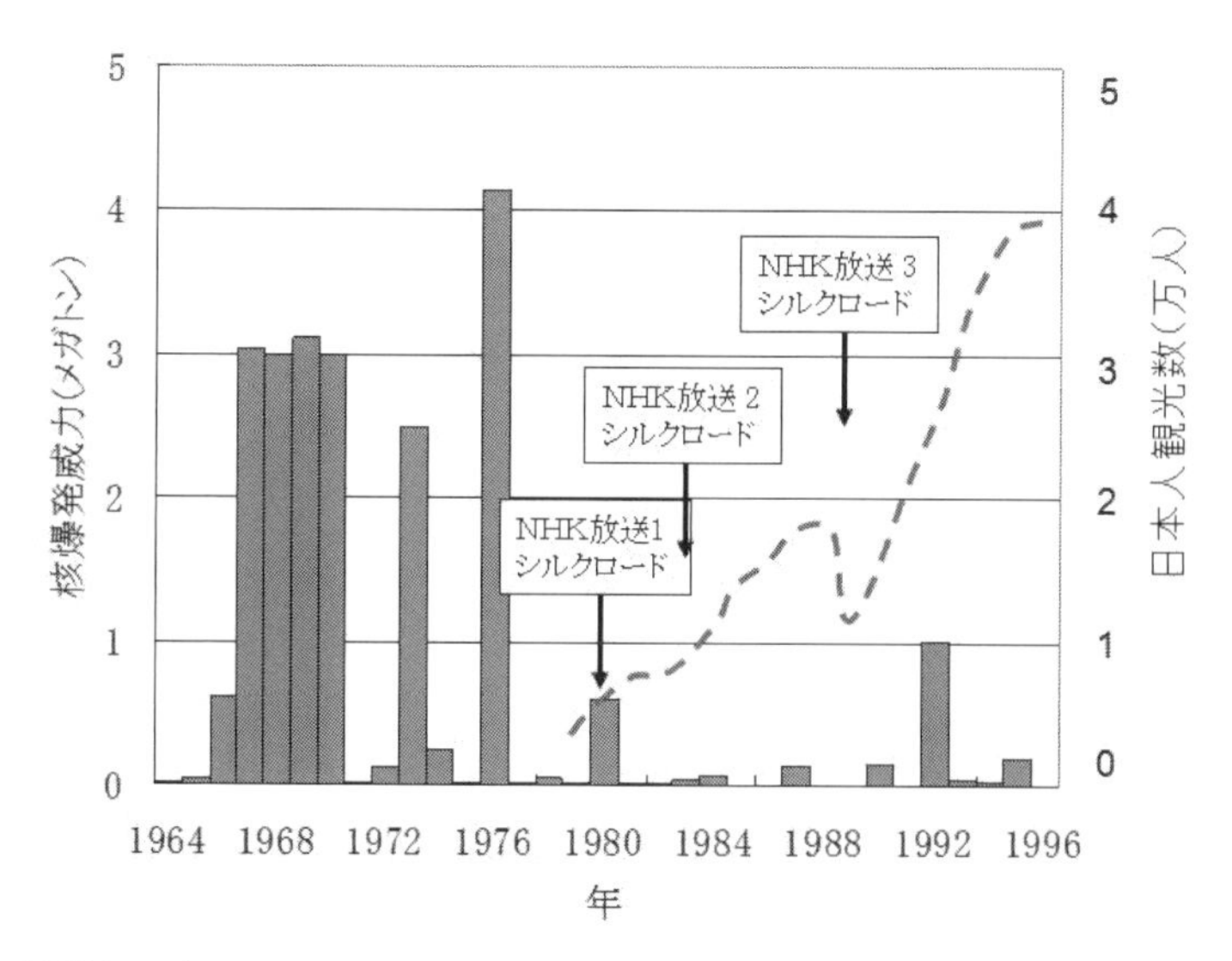

新疆ウイグルでのメガトン級核爆発と日本人シルクロード観光人数の推移

が、バスなどに乗って陸路を旅し、そうとは知らずに核の地獄を巡っていたことになる。

軍事演習も含まれる核爆発は、楼蘭遺跡周辺で東京オリンピック開催中の１９６４年10月に始まり、１９９６年７月まで続けられた。国交回復する以前の日本人の当地訪問の数はごく限られていたと考えられるが、１９６０年代後半は最も危険な核爆発が続いていた。

日中の国交が回復した１９７２年以後の総核爆発は33回９・６メガトンにもおよぶ。なんと広島に使用された核弾頭の６００発分が、日本人のシルクロード観光期間中に炸裂していたのである。

核爆発がシルクロードを観光した日本人

に核放射線影響を色々な度合いで与えたと考えることは科学的に妥当であり、そのリスク研究は日本人放射線防護学者の任務となるであろう。

国家観光局の統計に日本人のウイグル地区への観光の完全なデータが見あたらないが、断片的な値がある。その地への日本人観光は、1995年と1996年に、それぞれ3万5千71人および3万6千278人である。チャイナ全体の外国人観光の統計は各年の値が開示されている。ウイグルの各年の値を、ウイグル対チャイナ比を一定値2・5%と見なして、核爆発が繰り返し実施されていた期間にウイグル地区を観光した日本人の数を推定すると27万という数となった。実数は、この推定値よりも多いかもしれないし、少ないかもしれないが、27万人前後の日本人が、核爆発を繰り返す危険な期間にシルクロードを観光していたと推察できる。

核ハザードは、すぐには消滅しない。それは核種の半減期の値に依存する。人命に関わる急性のリスクとなる核種は1ヶ月くらいの短期間で弱まる。一方、リスクは比較的少ないが長年にわたり残留する核ハザードがある。これが、21世紀の今も、爆発地点＝ゼロ地点周辺に残留している。2012年、私たちはトルファンからカシュガルまでの2200キロメートルにおよぶタリム盆地のガンマ線サーベイ（測定）を実行し、それを確認した。（『シルクロードの今昔』）

現代のシルクロードはメガトン級の核実験場と観光地が同居した、世界に類をみない地獄だ。シルクロードに残留する長期核ハザードに暴露されたかもしれない日本人の数として、核爆発終了後の1997年から2008年までに、現地を訪れた推定57万人が追加される。核アレルギー症といわれている日本人だが、相当な数の日本人が、核の地獄巡りをしてきたことになる。

こうして、シルクロード・東トルキスタンを観光した日本人84万人は、色々な度合いで、中共が引き起こした核爆発災害の影響を受けてきた。その影響は、心理的アレルギー反応から最悪の場合にまで及ぶ。

NHKの大罪と反核団体の嘘

日本人は楼蘭遺跡周辺での中国共産党の核実験の事実をほとんど知らされてこなかった。NHKをはじめ、日本のメディアがこの情報を報道してこなかった。しかも、米仏の核実験に強く抗議してきた国内の反核平和団体が、この問題に沈黙していた。時には、中国の核実験を擁護する発言すらあったのだ。

中国政府のウイグル人およびチベット人等への核を使用した犯罪は明白である。戦時でなく平時での戦慄の核使用が、国家により実行されていた。前世紀から今世紀に続く史上最大の人権・人道問題である。

これに対する日本メディアの姿勢に問題ありと言わざるを得ない。特に、この核爆発災害に一切触れることなく、一方的にシルクロードの歴史ロマン番組を繰り返し放送してきたNHKの責任は重い。日本の公共放送は、この地での中国による核爆発の危険性についての情報を報道してこなかった。あたかも、ＮＨＫからの情報発信が中共政府により制御されているかのごときである。

ＮＨＫの国際部が、チャイナの核実験のおおよその場所を知らないはずはない。普通の日本人でさえ、その場所がロプノールであることは知っているからである。この彷徨える湖として知られるシルクロードのロプノールは、ＮＨＫが現地取材し放送した楼蘭遺跡に近い。

ＮＨＫ国際部およびＮＨＫ広島局は、以前より、核爆発災害学の専門家である私のことを知っている。しかし、２００８年７月に『中国の核実験』が刊行されて、この書の存在を知ってからも、この情報を全く番組で取り上げていない。

知り合いの国際部記者と、この件について電話で話したことがある。その際、英国のテレビ局がウイグルの核被災者たちの健康影響を隠密取材したドキュメンタリー「死のシルクロード」を話題にした。これは１９９８年に世界83ヵ国で放送され、翌年、ローリー・ペック賞を得ている。これをＮＨＫで放送したかどうか確認したが、答えはＮＯであった。私の『中国の核実験』と合わせて、ＮＨＫで放送すべきだと提案したのが、２００８年のことである。未だに、そうした番組制作の話はない。同様な態度をとっているのは、広島市に本社を置く中国新聞だ。拙著が発行された年の7月に、付き合いのある記者へ、本件の情報を知らせた。また、出版社から、拙著が謹呈されている。

チャイナ問題に対する日本の主要メディアの報道姿勢に異常を感じているのは、筆者だけではあるまい。特に、人権・人道問題に関わる日本の報道はおかしい。

核爆発災害で、矛盾が露呈したのは、国内の〝反核〟団体である。私は、「原水禁」（原水爆禁止日本国民会議）、「原水協」（原水爆禁止日本協議会）などの団体と直接の付き合いはないので、『中国の核実験』出版後、どういった見解を持ったのかはわからない。

しかし、チャイナの核爆発災害に対する黙認は、「ノーモア・ヒロシマ、ノーモア・ナガサキ」の大合唱と矛盾する。これら〝反核〟団体の核の蛮行の黙認は、これら団体が反核団体ではなかったことを証明するものである。私は、ある程度の範囲で、これら団体の存在意義をこれまで認めていたが、その意識は100％、吹き飛んでしまった。

それら団体の中枢は、反核平和の意識ではなく、単なる「反米・反日」に違いない。真に平和を望む心ある日本人は、これら団体から離れた方が良い。最悪の人権・人道問題となった中共の核の蛮行を黙認する人たちは、共産党と同罪である。

日本の木馬ＮＨＫを粉砕しよう！

私は放射線防護情報センターを主宰し、国内外の核事象の発生に対して、適切な情報を日本国民へ迅速に発信すべく、インターネットサイトを運営している。それは20年近く前、私が最初の著書『世界の放射線被曝地調査』を出版した頃に始まった。

非営利・非政府組織だが、国民保護の課題や核放射線利用の正しい方向への進展のために、政府機関・地方機関・民間機関の個人と連携している。また、この分野のわが国の研究の進展を促すために、大学および国立研究機関の専門家を世話人として、私が代表となって、放射線防護医療研究会を運営した。

これらのきっかけは、２００４年に出版した『東京に核兵器テロ！』が、内閣官房および初代国民保護室長らに注目されて、私が国民保護基本指針作成に関わったことにある。こうして私は国防課題に目覚めた。

これまで、２００６年の北朝鮮の核実験の日本への核放射線影響の予測と監視、２００７年の中越沖地震に対する柏崎刈羽原子力発電所の耐震性の確認、２００８年の四川地震で崩壊したと想像されるチャイナの核兵器関連施設などを報じてきた。

放射線情報センターとして、最大に注力している対象が、中共の核兵器・弾道ミサイル問題である。日本を標的とした核を搭載した弾道ミサイル、これが日本最大の脅威である。

人命無視の共産党だから、真に怖い。北の弾道ミサイルの比ではない。まさに、わが国にとってのダモクレスの剣である。有事の際には、中共政府は躊躇せず、発射ボタンを押すだろう。

3・18東京シンポジウムの席で、私から参加者へ、この目的を持つシルクロード科学プロジェクトが始動した。私とアニワル・トフティ氏が中心である。白石念舟氏は特別顧問として応援いただいた（白石念舟氏は2015年お亡くなりになられた）。

プロジェクトは、国内外の専門科学者および普通の人たちの組織である日本シルクロード科学倶楽部の応援を受けながら、複数の課題が進められている。『中国の核実験』の英語・ウイグル語翻訳版の出版事業も、そのひとつであった。

シルクロードでの核爆発災害の調査は、人道と科学による、ウイグル、チベット、南モンゴル、カザフスタンなどのシルクロードの人々への支援であった。

私は「対岸の火事ではない」と訴え、全国の大学図書館へ50冊寄贈することで、情報の拡散を図った。

しかし、10年が経過し、中共支配地域の事態はさらに悪化した。

100万人以上のウイグル人を強制収容する人権問題。

南シナ海に中共は人工島の軍事基地を建設し、軍事力による支配を強めた。

2020年、香港の一国二制度の約束を反故（ほご）とし、民主主義を崩壊させた。

無実の囚人＝法輪功信者やウイグル人からの臓器狩りと移植ビジネス。

習近平を国家主席とする中共は21世紀の今、帝国化し、「一帯一路」のスローガンで、世界支配の野望をむき出しにしている。

これに対し、国際社会は中共の人権蹂躙と軍事拡大路線を背景とした横暴を強く非難している。その先頭にあるアメリカのトランプ大統領は、２０２０年、まず米国内のトロイの木馬を粉砕した。

日本は、日米同盟がありながら、トランプ流の木馬粉砕ができていない。「日本の木馬」の力も小さくない。多くの日本国民が国内に入っている木馬の存在に気がつかなければいけない。それが国防の第一歩になる。

日本シルクロード倶楽部の副会長は関西で人気のインターネット・ブロガーおつるさんこと、中曽千鶴子氏である。札幌にいた私は、人を惹き付ける大きな魅力ある彼女と共同し、人道と科学の行動を展開してきた。その彼女が、「ＮＨＫから国民を守る党」から立候補して、川西市市議会議員となったのは、大変うれしい。

危険な工作組織の中国中央電視台がＮＨＫ局内にいるのは許せない事態だ。ＮＨＫを解体するか、改組しなければ、日本の未来はない。中共の悪事の隠蔽とデマ報道に加担するメディアをはじめとする日本の木馬を粉砕しよう。その起爆剤となるのが本書の出版であり、私の狙いである。

第五章

北朝鮮の核武装を許せば中共の思う壺

自宅での朝食中、突然、携帯電話から普通でない音が鳴りだした。テレビでは、北朝鮮が日本側へ弾道ミサイルを発射したという。

２０１７（平成29）年9月15日朝のことである。北朝鮮が発射した弾道ミサイルが、津軽海峡の上空を飛び、襟裳岬（えりもみさき）東方の海上へ落下した。

北朝鮮は弾道ミサイル発射試験や地下核実験を強行し、朝鮮半島有事の緊張が高まる中での出来事である。その年、産経新聞の月刊誌『正論』8月号に、私は、北が発射する核弾頭威力ＴＮＴ１メガトンが東京上空で炸裂するシミュレーション論文を発表し、政府および国民に注意喚起をした。

11月6日東京で日米首脳会談が開催され、強力な日米同盟の姿勢を世界に示した。共同記者会見で、安倍総理は、日米が１００％共にあることを力強く確認した。トランプ氏も「我々は黙って見ていない。『戦略的忍耐』の時期は終わった」と北朝鮮を牽制した。

さて、9月15日7時過ぎ、テレビで官邸発表のミサイル情報が次々と報じられた。それらを見ていたので、私は出勤が遅れた。8時前の札幌市営地下鉄は、一時停止のため、いつもより混雑していた。

北朝鮮は、6時57分頃、西岸付近から、１発の弾道ミサイルを東北東方向に発射した。この弾道ミサイルは7時4分から7時6分頃、北海道南部の上空を通過し、7時16分頃、襟裳岬の東、2200キロメートルの太平洋上に落下した。

日本政府は、北朝鮮の弾道ミサイルの発射から、飛翔、そして落下までの全ての行程を監視していた。だから、遅滞なく、国民保護警報・Jアラートを鳴らせたのだ。

警報はミサイル発射から3分後に鳴った。そして、ミサイルは、警報から4分から5分後に、北海道南部から襟裳岬間の上空を飛んでいたと推測できる。

私が関わった2005年の国民保護基本指針の作成後、着実に国民防護システムの構築が進んでいることの証である。日本の防衛体制にとって、画期的な進展である。

衛星による危険国家の軍事的挙動の監視、米軍の無人偵察機・グローバルホークによる高高度からのミサイル発射動向の事前把握と日本との情報共有、日本海側には日米のイージス艦による見張りとSM-3の迎撃態勢、日本海沿岸の本土にもミサイルの監視態勢とPAC-3の迎撃態勢が敷かれている。これら防衛体制の実戦力が、確実に進化していることを、国民のみならず、仮想敵国も知ったのである。

発射後の敵ミサイルの迎撃は容易ではない。敵国は複数ミサイルを同時に発射する。さらに大気圏再突入時に弾頭が複数に分裂する多弾頭技術もあるからだ。そのため、政府与党内で、敵発射基地への攻撃も検討している。敵の弾道ミサイルに対する日本国土の防衛上、合理的な方法である。

実は、私の朝鮮半島の核武装との関わりは、だいぶ前に始まっていた。

ソ連地下核爆発事故からの推理

2005年5月11日夕方、小学館『週刊ポスト』の記者H氏から私に、北朝鮮の核実験にともなう日本への放射線影響について問い合わせる電話があった。

その年の2月、北朝鮮は核実験なしに突然、核兵器保有宣言をしていた。それを受けて、米国の北朝鮮の核実験実施の予測や、国際原子力機関IAEA事務局長エルバラダイ氏の実験事故による周辺国への影響に対する危惧発言などを受けて、日本国民は不安になっていた。

私は旧ソ連の地下核爆発事故の事例を説明した。

「遠方なので、全く心配いらないが……」

と説明しつつ、頭の中では、日本への線量を予測する方法を組み立て始めていた。

「今回の問題は、事故に伴う日本への放射線影響にあるのではなく、事故であっても正常な爆発であっても、隣国の核実験後の核兵器保有こそ、真に、日本の脅威となる。核弾頭が首都東京へ撃ち込まれる潜在的脅威が発生するのだ」

と記者へ話した。

私は取材に対して、全面的に協力することにした。

「事故の場合の被曝線量を予測計算できます。実験地の吉州（キルチュ）を地図上に印をつけてファクスしてください」

「今夜中に札幌に行きますので、明朝、計算結果をお話しください」

15分ほどの電話が終わるときには、すでに地下核爆発事故時の放射線影響について、おおその計算は終了していた。すぐに計算ができたのは、私は20キロトン核弾頭による首都攻撃事態に備えた放射線防護研究をすでに開始していたからである。それに加えて、ソ連の地下核爆発事故のデータも把握していた。

地図のファクスは、17時に受信した。それから日本各都市までの距離を測った。すでに計算で求めていた数表から、各地の予測線量を推定できた。

18時に電話が入り、翌朝9時半、医科大物理学教授室での取材が決まった。双方、初対面だが、やる気満々だった。

想定は威力TNT火薬換算で20キロトン相当の地下核爆発である。このサイズの核弾頭は標準的で、米ソともに、同じ20キロトンから始まった。だから、北朝鮮も同様と予想した。そして、入手していたソ連がシベリアで行った地下核爆発の事故線量データを確認した。

私は、１９９７年10月、翌98年３月の２度、ロシア連邦サハ共和国自然保護省からの要請で、現地の地下核実験サイトの調査をしていた（『世界の放射線被曝地調査』）。永久凍土地帯で、夏場は地表だけが融（と）けて一帯が沼地になる。だから、地表が凍り付く「10月と3月」が現地調査に好適だった。それでも、マイナス20℃から30℃の寒さで、測定器の液晶画面が固まって、表示不能になる。

この地域では地下資源に恵まれ、その資源探査や掘削に、核爆発の地震波や威力をソ連は利用していた。そのため、1970～1980年代にかけて、盛んに地下核爆発を繰り返していた。それらの個々の核爆発に、ソ連はクラトンやクリスタルの名前を付けている。

翌日、H氏は約束の時刻に、物理学教授室に来た。

私は最初に、シベリアの地下核爆発の模様と事故事例を説明した。それらは、地図、現地の写真、地下核爆発の火球サイズ、その時にできる地中の煙突構造の長さ、事故事例のデータの概要である。

1974～1987年にかけて12回の地下核爆発が、サハ共和国内で実施されている。核爆発は、地質調査、石油採取、そしてダイヤモンド産出のための水がめ造りの目的で行われた。ソ連が崩壊し、情報が公開された今、国民にとって大きな不安となった。中共は、ソ連のこの方式を学んだのだろう。

爆発は居住区域内、あるいはその近くで行われていた。事故もあり、複数の地点では表面汚染があるという。管理された境界線がないので、核爆発を全く知らされていなかった住民は、その放射能汚染地へ知らずに立ち入っていた。言わば、地下核爆発で汚染した土地の上で住民が暮らしてきたことになる。

12回のうち４回の爆発が地震波の発生のため、６回の爆発が石油と天然ガス採取の効率改善のため、１回が地下の原油貯蔵の空洞形成に実施された。クリスタルの爆発は、鉱石から有用な物質を抽出した後の不用物廃棄用のダム建設のために、実施された。

ロシア連邦原子力省の報告によれば、10の核爆発があった地域の放射線環境は自然バックグラウンドレベルを超えていない。しかしクラトン３とクリスタルでの核爆発では環境放射能汚染を招いてしまった。

１９７４年のクリスタル２キロトン、地下１００メートルの深さの爆発では半径60メートルの範囲が高濃度に汚染した。これらに対し、ロシア政府は１９９２年に、直径１５０メートルの範囲に高さ15メートルの石堤防を築き、放射線防護の処置を講じた。

クラトン３は20キロトン、深さ５００メートルは地震波の発生のために、１９７８年に実施されたが、失敗に終わった。爆破孔（こう）の封印が吹き飛び、放出された核分裂物質が、東北東の風に乗り、広がってしまった。

放射能雲（うん）とその軌跡によるガンマ線外部被曝線量は３～13キロメートルの距離の地点で、事故当時、５０００～２５０ミリグレイと推定された。個人線量の平均値は１００ミリシーベルト。放射性雲の軌跡３・５キロメートルにあるカラマツの森は１９７９年夏までに枯れた。１９９０年までに、最表面に吸着したプルトニウム２３９、ストロンチウム９０、セシウム１３７などの放射能の影響を弱めるために、爆心地と放射性雲軌跡上の土地５００平方メートルが耕された。汚染した器具や土壌を、深さ２・５メートルの堀に埋め、清浄土１メートルの厚みで覆った。爆心のドリルホールには、清浄土で２・５メートルの丘が築かれた。

このクラトン３漏洩(ろうえい)線量は完全に封じ込めた場合に比べて、４％の線量漏れの事故事例と、私は計算した。

このソ連の事例から、経験の少ない北朝鮮の場合には、最初の地下実験、20キロトンのプルトニウム爆弾の炸裂から10％の線量漏洩を仮定するのが妥当と、私は考えた。その計算結果を、Ｈ氏に説明した。

北朝鮮の実験場・吉州で、核分裂生成物が漏洩した場合に、実効風速毎時24キロメートルの偏西風で東方へ運ばれ、日本列島へ降下するシナリオである。

線量計算法は、核兵器テロの線量計算の時に開発したＲＡＰＳである。地下20キロトン爆発から、地表に10％線量が漏れることから、爆発量を2キロトンとして線量を計算した。

地下核爆発のさせ方には、垂直式のシャフト型と、水平式のトンネル型の２式がある。平らな大地の場合にはシャフト型、山脈の場合にはトンネル型が多い。北朝鮮の場合、どちらの型になるかは不明だが、計算方式はどちらも同じになる。（『核災害に対する放射線防護』）

実験地から７００キロメートル以遠に位置する日本列島には、44時間以内に「核の砂」が降下（フォールアウト）を開始する。計算結果は日本での予測線量は、日本本土で胸部X線撮影レベル（レベルE）、日本海でＣＴ撮影レベル（レベルD）となった。

私の計算結果にもとづく、北朝鮮の最初の核実験による日本への放射線影響の予測は、放射線防護情報センターのホームページに掲載するとともに、『週刊ポスト』５月27日号に大きく掲載された。

北の第一回失敗核実験、ウィーンで報告

２００６年10月3日、北朝鮮は最初の核兵器実験を予告した。翌日より、私は民放各社の報道番組で、北の核実験からの日本への放射線影響や核兵器保有の危険性について解説するとになった。報道ステーション、朝ズバ、ズームインなどで、実験前に日本へのフォールアウトのレベルを予測したのである。

その週末は3連休だった。家族で登別温泉に宿泊した。翌9日10時35分、とうとう、北朝鮮は最初の核爆発を実行した。ＴＶ各社から携帯に電話があった。私は車を走らせ、札幌に戻ること

にした。妻を自宅に送りとどけ、私は教授室へ向かった。

各社のカメラが先着順で教授室に入った。ソ連のシベリアでの地下核実験による放射性物質の漏洩事故から予想される日本の放射線影響の最大値を解説した。

私は実験実施が予想された10月7日から、気象庁の赤外気象データに注目した。日本の太平洋側に強い低気圧があり、7日は、想定されていた実験場の吉州を通過する気流は真南方向である韓国、九州を向いていた。翌日は、それが関西方向となり、実験のあった9日には東北を向いていた。

全国の原子力発電所立地県にある放射線監視データは、実時間でネット公開されている。私は、それを利用して、日本各地の24時間予測線量を線量6段階区分で表示し、主宰する放射線防護情報センターのホームページで開示している。9日の核実験に対し、日本への放射線影響を調査し、ウェブ上で迅速に公開した。

その結果は、20〜40時間以後の線量は、全国でレベルFであった。すなわち、放射線影響はなかったとの結論を、実験2日後に得た。

10月9日の吉州の山中豊渓里(プンゲリ)での地下核爆発のエネルギーは、地震強度マグニチュードおよそ4・0から推定して、1キロトンと小規模である。失敗ともいえる爆発だった。

10日以後も、関連するTV取材があり、私は、広島の核爆発災害や放射線防護について解説した。

日本列島への放射性物質の実際の降下現象については、気象庁のウェブサイトにあるリアルタイムの気象情報と、原子力発電所立地県の放射線監視データを組み合わせて、実データをまとめ、TV番組「真相報道バンキシャ！」で解説した。

翌2007年、国際原子力機関IAEAで環境放射能の会議があり、私は北朝鮮最初の核実験の日本での監視データと線量予測について報告することになった。

4月下旬、街の予備知識がほとんどないままに、ウィーンを訪れた。ホテルはIAEAへ行くのに便利なところを選んだ。ホテルは、映画『第三の男』で有名になった大観覧車のあるプラータ公園が目の前にあった。

各国の国旗がはためく正面広場を抜け、IAEAの大きな建物に入った。環境放射能の監視や規制が会議の主題である。

私は扇形の大講堂で、北の核実験について報告した。それは、米国からの参加者たちの大きな関心を集めた。今でも、北朝鮮の核実験の放射線影響に関する私の論文は、専門家の間で話題になっている。続編の論文の執筆依頼は多い。

講演後、ロビーでサービスされた味の濃いウィンナーコーヒーを飲みながら、参加者たちと歓談した。

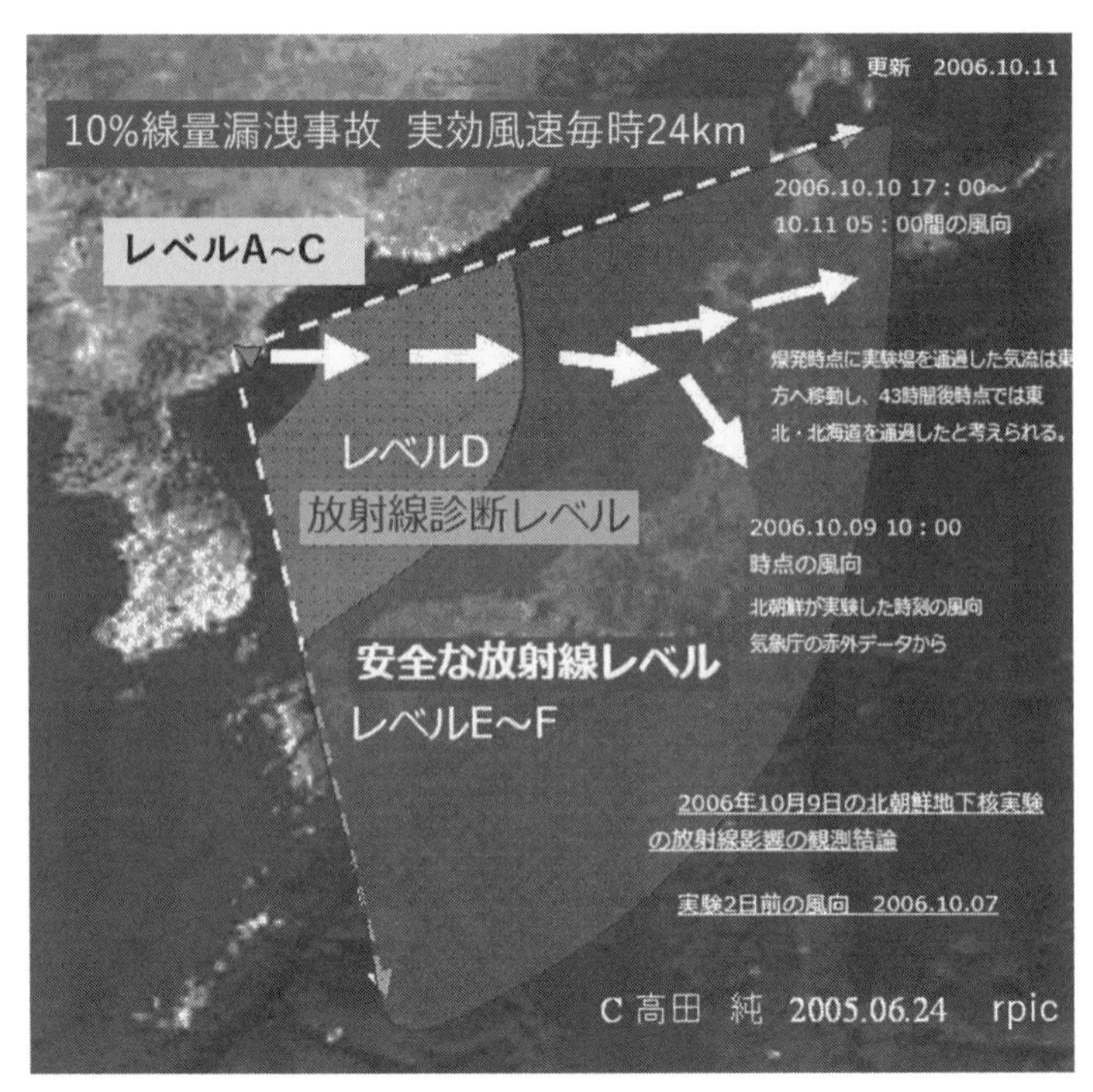

北朝鮮核実験2006.10.09の日本への放射線影響予測。
筆者はIAEA2007.04で報告（レベルA～Ｆの意味は88頁を参照）

会議の合間を利用して郊外に出かけた。耳が聞こえなくなった時期に暮らしたベートーベンのアパートも訪れた。ワインを飲みながら、アコーディオンも聴くことができた。つかの間の息抜き。

北朝鮮2016年核弾頭開発、さらに大型化へ

その後、北朝鮮は2009年、2013年、2016年、2017年と吉州の山地豊渓里（プンゲリ）で地下核実験を繰り返し、核弾頭の開発を進めた。その間に福島第一原子力発電所で水素爆発が発生し、私はその放射線衛生調査に忙殺されたが、北の核実験の監視を続けていた。

地下核爆発自体は、監視衛星からは様子を窺えない。しかし、実験場の動きは常時監視されていて、実験直前にはそれが予測されている。その衛星写真と、実験場の動きの考察はアメリカが継続し、それを38NORTHサイトにアップしている。

地下で大きな爆発があれば、周辺国の地震波監視体制で、核爆発の場所と、地震エネルギー（マグニチュード）が確認できる。北朝鮮の場合も、この方法で監視されている。

包括的核実験禁止条約機構（CTBTO　本部ウィーン）の核実験のモニタリングシステムは、各国とCTBTOが設置する観測所が世界中にあり、核爆発も監視している。

世界各国がインターネット上で公開した北朝鮮の地下核爆発からの地震波データを読み取り、

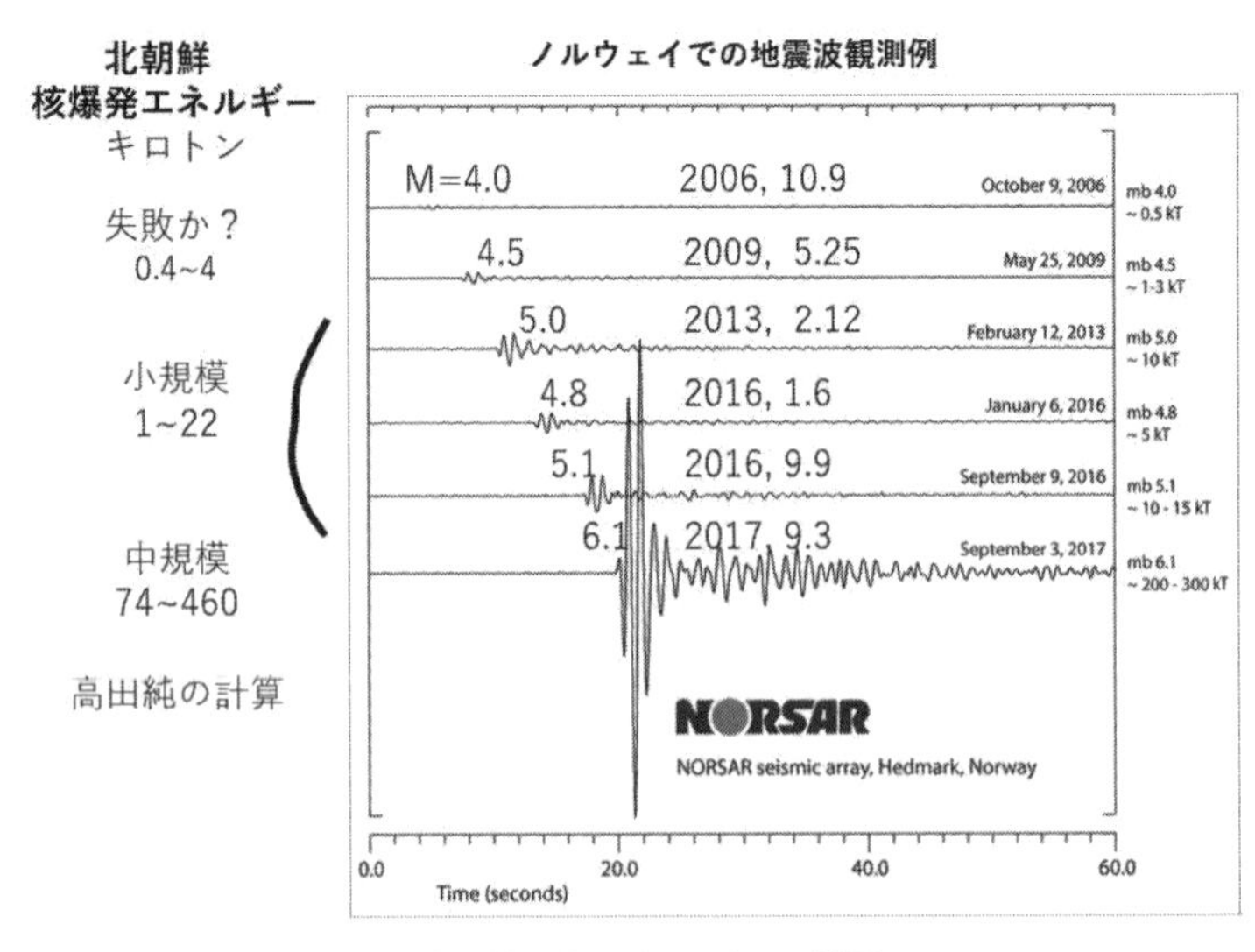

地震波観測から北朝鮮の地下核爆発エネルギーを推計

私は爆発エネルギー（TNTキロトン）を計算した。各国が報告する地震波観測値に差があるので、推計核爆発エネルギーにも幅が生じた。

北朝鮮の核実験は、2016年9月9日には長崎級の威力の核爆発になった。さらに2017年9月3日に数100キロトン級威力の核爆発に至った。かなりの破壊力がある核弾頭を開発するに至った。

北の弾道ミサイルは、確実なコースで北海道を越えることを実証している事実。日本の2020年版『防衛白書』は、次のようにまとめている。

「北朝鮮はミサイル関連技術の高度化を図ってきており、2019年5月以降、発射を繰り返している新型と推定される3種類の短距離弾道ミサイルは、固体燃料を使用して通常の弾道ミサイルよりも低空で飛翔するといった特徴があり、発射の兆候把握や早期探知を困難にさせることなどを通じて、ミサイル防衛網を突破することを企図していると考えられる。このような高度化された技術がより射程の長いミサイルに応用されることも懸念される。北朝鮮の軍事動向は、わが国の安全に対する重大かつ差し迫った脅威」。

胎児影響レベルだった吉州住民の線量

6回目の核爆発があった豊渓里(プンゲリ)核実験場・万塔山(マンタプ)の内部は大規模に崩壊しているようだ。その証拠は地震波の検出にあった。

２０１７年9月3日、万塔山の地殻の中で３００キロトンの核爆発があった。その時の地震はマグニチュード6・1。8分後に、さらに核実験場でマグニチュード4・6の地震波が検出された。20日後の23日に、マグニチュード3・5の地震波が同じ場所から検出された。

地中の核爆発からの火球が空洞を形成し、それから火球は山の体内を溶かしながら上昇する。これが最初の地震になる。そのために煙突構造が地中に形成される。これが崩壊すると、２回目の地震になる。

万塔山の中で発生した最初の２回の地震はこうして発生した。20日後の地震も、その核爆発が

北朝鮮地下核実験場　万塔山のトンネル坑道の配置と深さ、煙突構造. 38NORTHの公開図を参考にして筆者が注釈を加筆

関連した地震であることは、ネバダ地下実験での観測からわかる。万塔山は相当に核爆発によるダメージがあるはずだ。

３００キロトン核爆発から計算される空洞の直径は１４０メートルで、煙突の直径は１７０メートル、長さ４３０メートル。私は、アメリカが報告した核爆発理論から、そのサイズを見積もった。

２０１８年、北朝鮮は、国際メディアに豊渓里核実験場の見学をさせ、実験坑道の入り口を爆破し、実験場休止の派手なデモンストレーションを行った。

この時に公開された実験坑道の図面から、6回目の核爆発点から、万塔山山頂まで６３０メートルであると判明した。その山頂直下にある、直径１７０メートル、長さ

豊渓里核実験場周辺の集落が20〜40kmの距離の範囲に存在

430メートルの煙突が崩壊しているのだ。私はこの煙突構造を、グーグル・アースで見る実験場の衛星写真に描いてみた。

実際、日本の高度陸上観測衛星（だいち2号ALOS-2）からのレーダー画像情報で作成された干渉合成画像が、核爆発後の万塔山の表面に、上下10センチメートルの歪みが山全体に生じているのを明瞭に示していた。

これらの科学的考察から、爆発直後に放射性物質が大量に万塔山から放出されたと考えられる。

アメリカの理論では、安全な地下核爆発をするには、煙突の長さと同じくらいの岩盤の厚みの余裕が必要と言われている。それは、核爆発で発生する放射性の希（き）ガス（貴ガス）を閉じ込めるために必要な余裕である。

6回目の核爆発の煙突の天井から万塔山の頂上までの厚みは170メートルなので、山からの放射能噴出リスクはかなりある。しかも、直径170メートル、長さ430メートルの煙突が、核爆発8分後に崩落しているので、放射性ガスのみならず、放射性粉塵が山頂から噴出したかもしれない。

そこで、10％の線量漏洩を仮定して、300キロトン核爆発後の、風下の住民の線量を、私は計算した。

万塔山の周辺には集落が点在しているのが確認できる（前頁）。風下20キロメートルに住民が暮らしていたとする。屋内遮蔽（しゃへい）率を0・30で線量を推計すると、0・74シーベルトという危険値になる。0・10シーベルト以上で、胎児に影響がある線量なので、それを大きく超えた可能性がある。ウイグル地区ほどではないが、福島県民は受けることがなかった、危険な放射線影響があったのだろう。

核武装を擁護する京都大学助教

北朝鮮が核爆発実験を開始する以前から、その核兵器開発問題を擁護してきた日本人がいる。

小出裕章原子核工学修士、京大原子炉実験所（現・京大複合原子力科学研究所）助教。1949

年東京上野生まれ、１９７２年、東北大学工学部原子核工学科卒業、１９７４年、東北大学大学院工学研究科修士課程修了（原子核工学）。日本国内で、脱原発派から多くの支持を得ている。

私は広島大学原医研時代に、京都大学の同研究所で実験をする機会はあったが、小出氏と面識はない。ただし、「反原発」、「脱原発」路線の彼の言論を、文書で見ることはあった。

２００６年以後の北朝鮮の核爆発実験実施から、核武装の意図が明らかになった現在、日本の国益上、小出氏の主張を再度、検証するべきと、私は思った。

２００３年時点、小出氏は北朝鮮核問題について、次のように発言した。

「朝鮮が使用済み核燃料の全量を再処理して原爆を作ったとしよう。その場合にはいくら頑張ってもせいぜい３発の原爆しかできない」（小出氏は北朝鮮の呼び方をしない）。

「私は、原爆は悪いと思う。どこの国も持つべきでないと思う。朝鮮だってやらないに越したことはない」。

「米国は核兵器、生物兵器、化学兵器、大陸間弾道ミサイル、中距離ミサイル、巡航ミサイル、ありとあらゆる兵器を保有し、自らの気に入らなければ、国連を無視してでも他国の政権転覆に乗り出す国である。そうした国を相手に戦争状態（休戦状態）にある国が朝鮮であり、武力を放棄できないことなど当然であるし、核を放棄するなどと表明できないことも当然である」。

２００９年の北朝鮮ミサイル発射実験については、

「日本政府は北朝鮮が長距離弾道ミサイルを発射すると決めつけ、撃墜命令まで出して危機を煽りました。一体、人工衛星を打ち上げると国際機関に通告した国に対して、それを撃墜するなどと表明する国がどこにあるのでしょう?」

と擁護した。さらに、

「日本はすでにH−IIロケットをはじめ多くのロケットを打ち上げてきましたし、朝鮮に対するスパイ衛星（情報収集衛星）さえ打ち上げています」

と日本政府を批判する。

休戦ながら超大国アメリカと戦争状態にある小国北朝鮮の核武装を、朝鮮人ではない小出氏はどうどうと擁護した。

日本の脅威となる北朝鮮の核武装だと、私は見ている。多くの日本人もそうであろう。だからこそ、２００６年の最初の朝鮮半島での核爆発実験に、大多数の日本人が恐怖を感じ、テレビ報道に大きな関心が集まった。

こうした見方を、小出氏はしていない。日本人として、リスクを感じないのか。彼は、北朝鮮の初期の核行動、原子炉の稼働、ロケット発射実験を、核武装ではないと断言し、擁護した。

これは、親朝鮮系国会議員の「北朝鮮による日本人拉致事件」の否定や黙殺の姿勢に類似性が見える。

しかし、拉致事件までも容認できるはずはない。それは北朝鮮の国家犯罪である。在日外国人・工作員が引き起こし、一般日本人が被害者となった絶対に許せない犯罪である。

日本政府が認定した拉致事案は12件、拉致被害者は17人。北朝鮮側は、このうち13人（男性6人、女性7人）について、日本人拉致を公式に認め、5人が日本に帰国した。横田めぐみさんら、残り12人については未解決である。

こうした北朝鮮の拉致事件が明らかになった日本で、北の核武装が容認されるはずはない。拉致事件は現在進行形の未解決事件だ。

福島原子力発電所水素爆発事故2011年以来、小出氏の言論活動は一層盛んになった。

「原子力研究者として、原発をやめるための研究を40年した」

「安全な原発などはなく、安全性を確認できるようなことは金輪際ない」

と、国内で「反原発」「脱原発」を訴えている。

北朝鮮の危険な核武装を擁護してきた小出氏と、同じ人物とは思えない発言。

朝鮮半島で多数の人民が飢えても、独裁者が強行する核武装、プルトニウムの生産に万歳する小出氏の姿勢は、北朝鮮以外の世界では通用しない。

いや、北朝鮮の民衆も望んでいないだろう。本音では、平和で食事に困らない普通の暮らしを求めているはずだ。脱北者が後を絶たないのが現実だ。

北の核武装に転用される日本技術

北朝鮮の核武装の動向を知るために私は、可能な限り客観的、科学的に分析するサイト38NORTHを参照している。これはアメリカを拠点とする対北朝鮮プロジェクトだが、世界中の専門家が協力して国際的な視点も提供している。

核爆発実験が盛んになった頃、サイト38NORTH2013年12月23日付で、寧辺(ニョンビョン)核複合施設での特定された核燃料製造施設をレポートした。

「商業衛星画像により、寧辺原子力科学研究センターに最近再稼働した5MWプルトニウム生産炉と建設中の実験用軽水炉(ELWR)があることが確認された。この画像から、2009年に遡る寧辺の核施設の近代化と再稼働のために、これまで考えられていたよりも広範囲かつ大規模な取り組みが行われていることがわかる」

寧辺の5メガワット炉は、1979年に用地の準備が始められ、1982年4月に原子炉の建設工事が始まった。原子炉は、1950年代にイギリスが開発した黒鉛減速ガス冷却炉であるマグノックス炉の設計を基に北朝鮮で独自に開発したようだ。1985年に初めて臨界に到達し、1986年1月から運転を開始したとされている。この施設は、年間に5・5~8・5キログラムのプルトニウムを生産できるので、プルトニウムを5キログラム使用する爆弾ならば、毎年およ

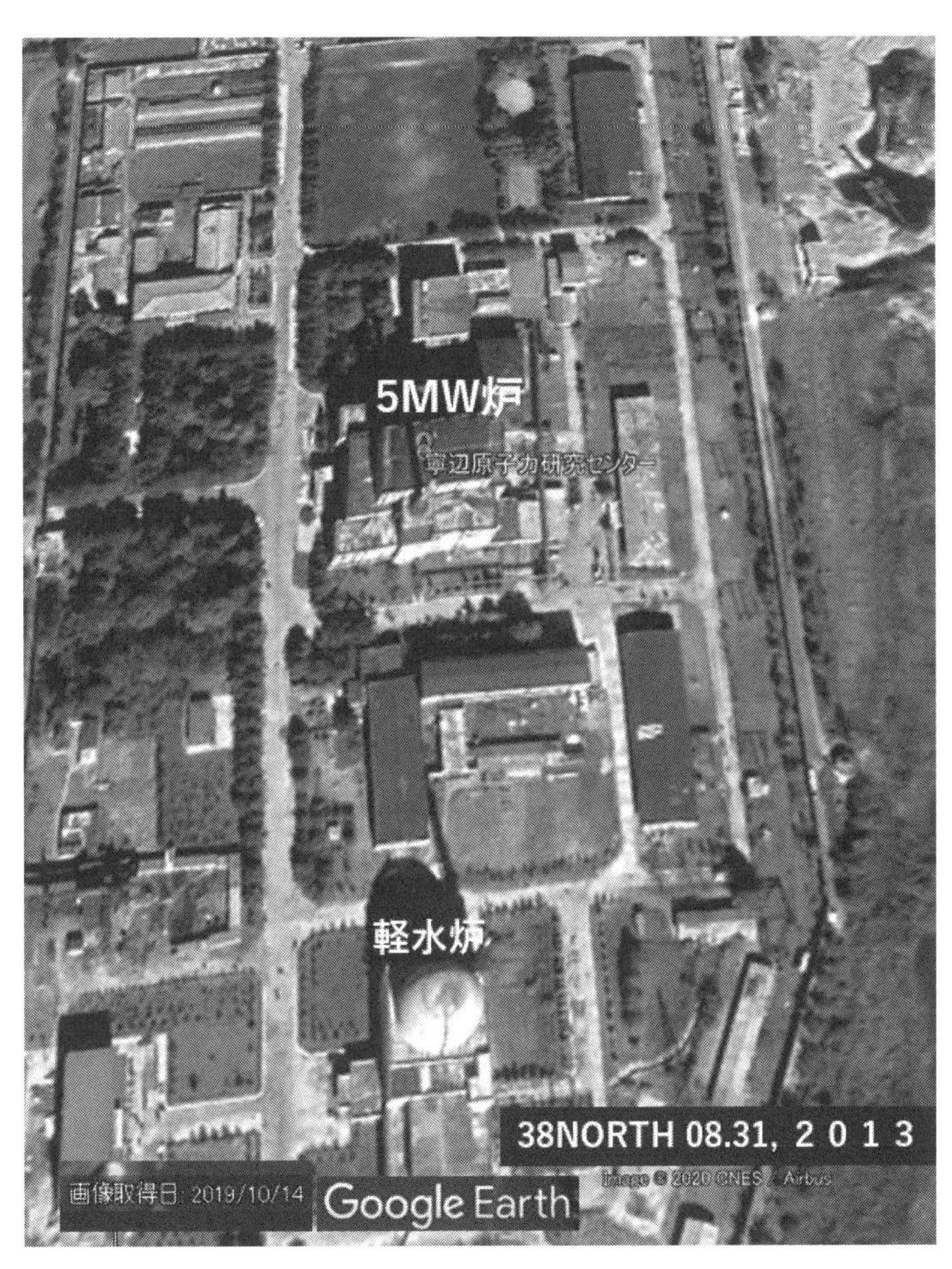

寧辺核施設　プルトニウムを製造。　衛星写真2019年

そ1個製造できる。

放射化学研究所は使用済み核燃料再処理工場で、5メガワット原子炉の使用済み核燃料からプルトニウムを抽出している。年間200~250トンほどの核燃料を再処理して、10~100キログラムのプルトニウムを製造する能力があると推定されている。

寧辺で生産されたプルトニウムから核弾頭が製造されて、豊渓里核実験場・万塔山の地下で爆発実験が、2006年から2017年と続いた。初期は失敗していたが、北朝鮮は、少なくともプルトニウム爆弾の開発に成功した。小国がどうやって、核開発に成功できたのか。

北朝鮮の核武装化は、日本に大きな脅威になりつつある。背景に、チャイナとロシアの北への後押し、反日韓国の北への経済協力がある。さらに、日本国内に潜入している工作員、朝鮮総連、在日朝鮮人からの資金、親北系議員の存在。朝鮮総連は、公安調査庁から破壊活動防止法に基づく調査対象団体に指定されている。

北朝鮮の兵器の部品は日本製品の転用が少なくない。工作員を日本企業に就職させ、技術資料を手に入れたり、サンプル部品として合法的に持ち出したりしている。レーダー、GPSを含む通信機器に多くの日本製が利用されている。電気街秋葉原での購入も主要な入手経路だ。

「北のミサイルの高性能化は、日本のおかげ」

とは、元工作員・李福九の話だ。(『北朝鮮弾道ミサイルの最高機密』)

朝鮮半島の核武装は、日本と太平洋、そして米国の平和にとって絶対に容認できない一線である。完成に近づいていると、38NORTHの専門家が分析している。

自由と民主主義勢力の包囲網が形成されつつある中共にとっては、北朝鮮の核武装は、アジア共産独裁陣営の強化につながる。しかも、派手な核爆発実験とミサイル発射が、世界と日本の目を中共から北朝鮮へそらす役割を演じた。これこそ、中共の思う壺だ。

第六章

核燃料サイクル技術が日本の未来を救う

私は医学部生たちに、物理教育の一環として、世界の人口推移とエネルギー問題の話題を取り上げてきた。あらたなエネルギーと動力の開発により文明を押し上げてきた歴史こそ、人間と動物の違いである。猿たちは火を恐れるだけで、安全に利用する術を持たない。神の火＝核エネルギーの利用が、人類に今、課せられた課題である。（『21世紀　人類は核を制す』）

人口爆発とエネルギー

21世紀の人類文明の危機は、世界の人口爆発と、それによる食料・エネルギーの大量消費から発生する。人口は前世紀１９５０年の25億から急増し、１９９９年に60億、それが今世紀、２０２０年に77億となった。さらに２０５０年には92億と予測されている（国連人口部）。人口が増加の一途をたどるなか、エネルギー資源・食料の供給と消費の均衡が、いつか破綻する。

日本の場合、破綻のリスクは特に増大している。２０１０年（平成22）年に、人口極大１億２千８０５万人になってから、減少に向かい、その8年後、2・3％減の1億2千６４４万人になった。令和32年の日本人口の予測は、極大から21％減の１億１１２万である。世界の人口増加と、真逆の減少にある。

日本経済下降の主原因ともいえる急激な人口減少。しかも、さらに難しくしているのが、日本の世界一の長寿社会である。労働人口が減少するなか、支えるべき高齢者が増加する。

平均寿命と１００歳以上人口がともに世界一である。特に、日本の１００歳以上人口は8万４５０人。10万人あたりで比較すると、ダントツの世界一は日本63人（２０２０年）、以下、バルバドス39人（２０１６年）、フランス32人（２０２０年）、イタリア31人（２０１５年）、アメリカ30人（２０１９年）、ロシア14人（２０１９年）、韓国６人（２０１５年）、チャイナ４人（２０１３年）。

長寿は、幸福の象徴に間違いない。高齢者にも行き届く医療制度がある日本だからこそ、長寿が実現する。健康寿命を延ばし、高齢者もできる範囲で活躍する社会の実現は、大事な視点である。最期まで、ピンピンキラリと生きていきたいものだ。

ただし、反対に、日本の特殊合計出生率は４・４５（１９４７年）、２・０５（１９７４年）、１・３６（２０１９年）と減少している。この値が２・０未満では人口減少になるので、１・３６はかなり厳しい事態にある。これが日本の労働人口減少の原因である。

労働人口が減少しながら、高齢化が進む、世界一厳しい長寿国の日本。経済的にも困難な時代に突入するのが、21世紀の日本の近未来である。絶望的な日本なのだろうか。バリアフリー、人工知能、ロボット化などを急速に進めているのは、明るい材料である。

足りない労働人口の解決に、外国人労働者を安易に受け入れる策は、ヨーロッパでみるように人種問題の発生を回避できない。受け入れた後、使い捨てでは人権問題になる。

他方、独裁の共産党に支配されている人口14億のチャイナから日本への人口流入は、今後、ますます脅威になる。

外国人労働者を大量に受け入れずに解決する方法はある。日本人の人口問題を解決するという当たり前の策である。

誰もが、当たり前に20歳代で結婚し、2人以上の子を出産し、大事に育てることである。明るい家族が、明るい日本の未来をつくるという簡単な物語。若い世代の発想の転換だ。チャイナバイオハザードの今、ピンチをチャンスにする。この実現のために、皆で知恵をだして、実行する。

社会の無駄を省くこと。職住接近で通勤時間を短縮する。職場や集合住宅の中に保育所を設置するなどの法整備、2人以上の子育て家庭を表彰する制度など、実現可能な策はある。

エネルギー問題の解決は、そうした簡素化社会の土台である。日本が得意とする技術を、素直に役立てさえすればいいのである。私が長年信じる解決策が核燃料サイクル。熱の発生、電気の発生で、エネルギーを1万年持続させる社会が実現できる。日本の技術は、完成間近にある。しかも新技術は輸出できる魅力もある。これが私の訴える「核エネルギーを手放してはならない」理論のゴールになる。

しかし、このエネルギーのシナリオを正面から反対する「トロイの木馬」が国内にいる。彼ら

東日本大震災（2011年）後のエネルギー自給率の低下と電気料金の値上がり

年	2010	2011	2012	2013	2014	2015	2016	2017
エネルギー自給率（%）	20.3	11.6	6.7	6.6	6.4	7.4	8.2	9.6
家庭平均電気料金（円/kWh）	20.4	21.3	22.3	24.3	25.5	24.2	22.2	23.7
産業用平均電気料金（円/kWh）	13.7	14.6	15.7	17.5	18.9	17.7	15.6	16.6

資源エネルギー庁報告書より高田純が作成

に、日本の未来のシナリオはない。

今、原子力規制委員会の大ブレーキも加わり、原子力発電の全停止、そしてわずかの再稼働状態で、日本のエネルギー状況は極めて悪化している。真冬に全国の電力がひっ迫する事態にある。雨の日、降雪、夜間に太陽光発電は無力だ。

東日本大震災（２０１１年）の前後で顕著な違いがある。原子力発電の停止のため、海外から化石燃料をより多く輸入した結果、エネルギー自給率は低下し、家庭ならびに産業用電気料金の平均単価が、最大でそれぞれ25%、38%も上がった。

日本経済の低迷の原因のひとつに、使える原子力発電の無駄な停止状態がある。さらに割高な風力発電と太陽光発電の強制利用も、この電気料金の値上がりを助長している。しかも、それらの発電は、気象に左右されるので不安定だ。

こんなことでは、庶民の給料は上がらず、暮らし振りも改善しない。世界一の勤労国家だったはずの日本は、社会を支える土台の部分で、とんでもなく無駄なことをしている。これでは明るい家庭はできない。

日本はエネルギー資源大国

人類は、産業革命の18世紀いらい化石燃料を大量に消費し続けた。この資源争奪を巡り、世界各地で紛争が生じている。まさに紛争の火種はエネルギー資源である。

中東油田問題に絡むアメリカ同時多発テロとヨーロッパテロ、尖閣海底油田をねらった中共。さらに、大量につくられる二酸化炭素の排出で、地球規模で気象が激変し、ハリケーン、台風、水害など災害が多発するようになった21世紀。これらを防止することは、人類の課題になっている。

「縄文時代のように、薪を焚いて、質素に暮らせばいい」というのは、現実逃避の能天気者。どうする日本。

日本は縄文時代1万6千年前から、文明を切り開いてきた。土器、土偶、寄せ鍋、漆(うるし)、船、木造建築、羅針盤、航海術、ゼロ戦、空母、戦艦大和、新幹線、ウォークマン、ロケット、人工衛星、ハイブリッド車、ウォシュレット、LED照明……。(『誇りある日本文明』)

世界の紛争を回避し、地球温暖化を緩和する切り札が、核エネルギーである。これは日本と世界のエネルギー問題を永続的に解決する技術である。しかも日本が得意とする分野。質素、簡素で無駄のないリサイクルできるエネルギー技術の完成は夢ではない。日本は核エネルギーを手放してはならない。日本人なら、脱原発を叫ぶトロイの木馬に乗ってはならない。

日本は核物理の分野で、湯川秀樹いらい数多くのノーベル賞を輩出し、その技術と産業が世界をリードしてきた。これが日本の最先端技術分野を守り、世界に貢献するエネルギー産業に発展できる。私は確信する。

1グラムのウラン235の完全核分裂で、一般家庭の電力6年分のエネルギーを作り出せる。ただし、天然ウランは0・7％しかウラン235を含有していない。全てのウランが燃焼できる技術があれば、1グラムのウランで、一般家庭の857年分の電力エネルギーになる。（『核と放射線の物理』）

この技術が高速増殖炉を中心とした核燃料サイクルだ。ウラン鉱石の可採年数が60年なら、8千年間も発電できる。その他のウラン鉱山を開拓し、海洋ウランが利用できるようになれば、永久に人類は、エネルギー問題から解放される。（『核エネルギーと地震』）

その上、日本国内には、既にウラン資源は大量にある。使用済み核燃料として、大事に保管されている。嬉しい話ではないか。2020年時点で、国内で貯蔵されている使用済み燃料1万8千トンは、日本の財産だ。他にも、ウラン235を濃縮した後のウラン残渣（ざんさ）は、核エネルギーの立派な資源である。2007年調査で、1万4千トンもある。合計およそ3万2千トンの

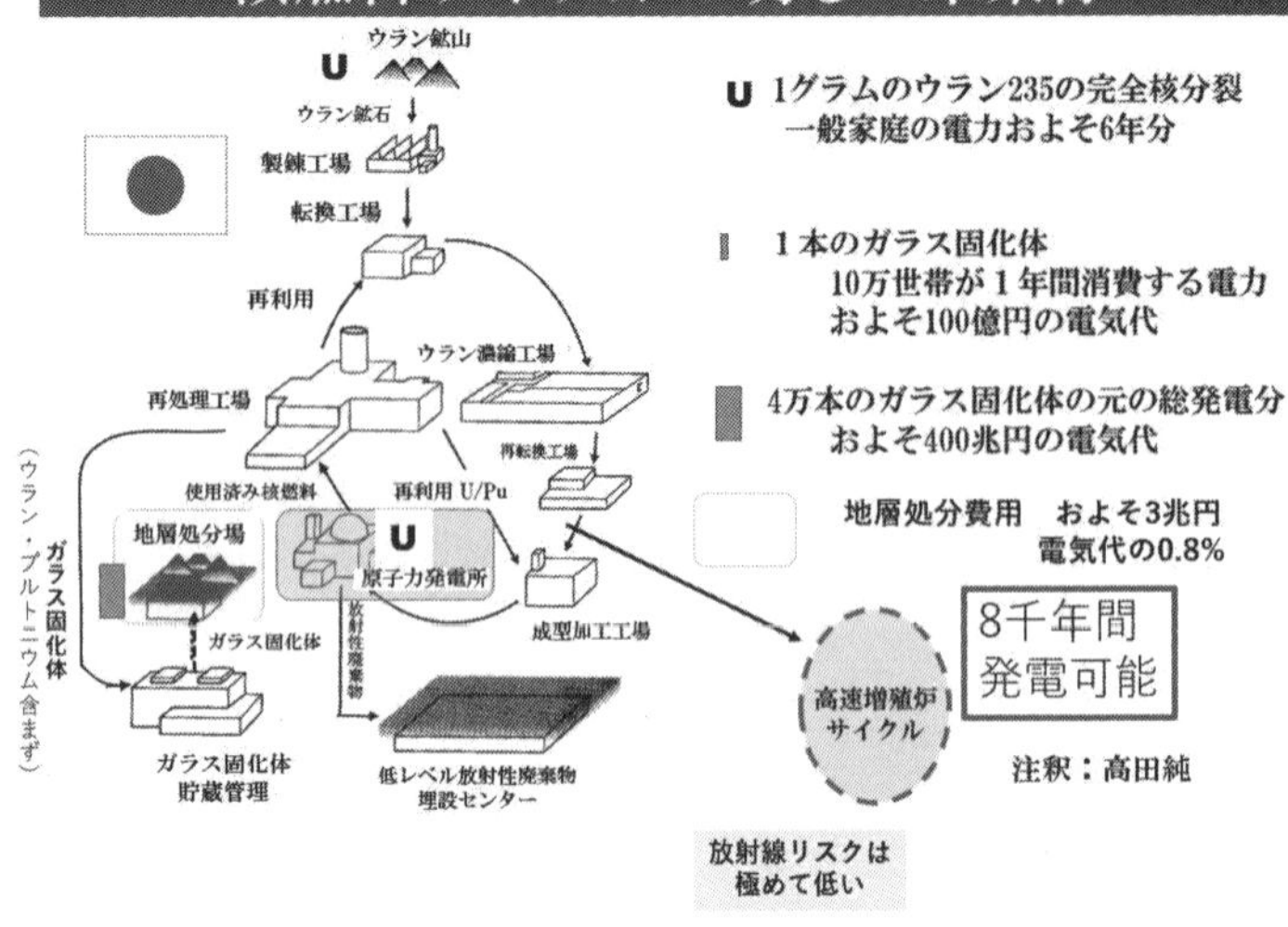

日本の電力会社・日本原燃が描く未来の核燃料サイクル

ウラン資源が貯蔵されている。

日本の電力会社が蓄えたウラン資源＝埋蔵ウランを大事に核分裂させれば、最大で６６０年間も発電できる。核燃料サイクルが目指す、エコな未来予想図。技術の挑戦にこそ意味がある。単なる批判と規制第一主義からは、何も生まれない。

世界中にまだまだウランが埋蔵されているので、ウラン発電は、８千年間はＯＫ。この技術が順調に進めば、電気代は値下げできる。庶民の暮らしも、豊かになり、安定した明るい家庭になるのである。

フランスは日本同様、１９７０年代の石油危機を契機として、核エネルギーの大規模開発に邁進（まいしん）した。化石資源を持たない国。２０１７年末現在、58基６３１３万キロ

令和３年の日本にある“埋蔵ウラン”で可能な最大発電年数

①日本のウラン資源量(2020年時点)
およそ32,000トン=3.2×10^{10}gU

②日本の電力消費
11,000億kWh=4.0×10^{18}J/年

③１グラムのウランの完全核分裂の放出エネルギー
8.2×10^{10}J/gU

④熱から電気への変換効率を40%と仮定する
3.2×10^{10}gU × 8.2×10^{10}J/gU × 0.40/4.0×10^{18}J/年 =260年

⑤全発電に対し核エネルギーの割合が40%ならば
260×2.5=660年　発電可能

ウラン資源大国日本　高田純の計算2021.01.07

ワットの原子力発電設備を運転しており、総発電量の72%（２０１６年）を占めるに至っている。エネルギーと農業を大事にする賢い国。

国民の関心の高い核燃料製造、ガラス固化体地層処分、原子力施設の安全対策強化、高速増殖炉もんじゅの現状を、私は福島事故いらい改めて視察した。

核燃料製造拠点・日本原燃の技術は世界トップレベル

核燃料の製造を主とした日本原燃株式会社は、１９９２年７月１日、青森県上北郡六ヶ所村に誕生した。資本金４０００億円は青森県最大の企業である。従業員２９２８人のうち、青森県出身者は62%（２０２０年）。日本人だけが働き、外国籍の労働者はいない。核燃料のセキュリティの意

味がある。
日本はもちろん、地元に大いに貢献している。私は、妻の母方が青森県むつ市なので、その後の地域の発展ぶりを見ている。
かつて原子力船『むつ』が下北半島の大湊港（おおみなと）を母港としていた。1974年9月、太平洋上での出力上昇中に、軽微な量の中性子漏れのトラブルが発生した。これに対するセンセーショナルな報道を背景に、激しい反対派の運動にあい、『むつ』が廃船にさせられた残念な歴史がある。それを乗り越えての日本原燃の誘致であった。
2020年3月、私は日本原燃の施設を視察するため、六ケ所村を訪れた。

日本原燃株式会社　青森県六ヶ所村　前方に見えるのは再処理施設

2000年10月に初めて訪れてから3度目である。事前に身元調査も受け、許可を得ていた。担当技術者のガイドで、最重要な核燃料技術の心臓部を見る、またとない機会となった。写真撮影、録音禁止の管理区域へ入るまでは、いくつもの関所がある。

ウラン235の濃縮は、原子力発電所軽水炉用の核燃料の製造のために必要な工程である。天然ウラン鉱石のウラン235含有率はわずか0・7％程度しかなく、これを3～5％にまで濃縮する。

1992年に同位体濃縮のための分離作業単位として、年間150トン規模で操業を開始し、その後、年間150トン規模ずつ増設し、1998年に年間

１０５０トン規模に到達した。

遠心分離機は脱水機の原理と同じである。超高速で回転している内部に注入された六フッ化ウランガスは、重力の何千倍もの強さの遠心力によって回転胴に押し付けられる。このとき重いウラン２３８が外側に押し付けられ、中心側で軽いウラン２３５の濃度が高まる。中心側から六フッ化ウランガスを抜き取ることにより、２３５濃縮ウランが得られる原理だ。

戦中、１９４１（昭和16）年、帝国海軍は京都帝国大学理学部荒勝文策教授に核爆弾の開発研究を依頼、荒勝教授は遠心分離法の濃縮を検討した。１９４５年、設計図が完成し、材料の調達が始まった。１９４９年、日本人として初めてノーベル賞を受賞した湯川秀樹はこのプロジェクトに参加していた。一方、帝国陸軍は理化学研究所の仁科芳雄博士を中心に核兵器開発研究を１９４１年に始め、熱拡散法によるウラン２３５濃縮実験を行った。これらが、日本のウラン濃縮技術開発研究の発端である。（『核と刀』）

アイゼンハワー米大統領が１９５３年12月8日に国連で「アトムズ・フォー・ピース」核の平和利用の演説を行った。核兵器保有国が軍縮に動き、核放射線を医療や発電などの平和目的に利用していく姿勢を示した。核保有国から核分裂物質の供出を受ける国際組織の必要性も訴え、国際原子力機関ＩＡＥＡの設立となった。

日本の遠心分離法によるウラン濃縮技術は、１９５９年に理化学研究所が1号遠心機を試作し、始まった。私がまだ5歳の年である。

その後、国の方針に従い、原子燃料公社（現在の日本原子力研究開発機構）が中心となってその開発を進め、１９６９年に初めて濃縮ウランの回収に成功した。

１９７２年には、原子力委員会が遠心分離法を国家プロジェクトに指定し、遠心分離法によるウラン濃縮の本格開発が始まった。

国は、岡山県人形（にんぎょう）峠において１９７６年にウラン濃縮パイロットプラントの建設を、１９８２年には原型プラントの建設を決定した。１９８８年には、年間１００トンの原型プラントの運転を開始し、翌１９８９年には、さらに年間１００トンの運転を開始した。

一方、電気事業連合会は１９８１年にウラン濃縮準備室を設立し、商用化を進めウラン濃縮事業を行う会社として、１９８５年に日本原燃産業株式会社（現在の日本原燃株式会社）が発足した。１９９２年3月には六ヶ所村において、わが国初めての濃縮商業プラントが、年間１５０トン規模の操業を開始した。

1台の遠心分離機によって濃縮される度合は、一般的にはごくわずかであり、必要な濃縮度を得るためには何回も処理を繰り返す必要がある。このために複数の遠心分離機を連結して、濃縮度を高める。これをカスケードという。

日本原燃の遠心分離機を複数連結したカスケード同位体濃縮技術は世界一の性能であると聞く。

全て、内製の自社技術である。この技術と技術者は日本の宝であると、私は思った。

使用済み核燃料から再利用できるウランとプルトニウムを取り出す工程は「再処理」と呼ばれる。原子力発電所で、ウラン燃料は３～４年間使うことができ、さらに再処理することで繰り返し利用できる。

発電中の核燃料の中で、ウラン２３８が中性子を吸収すると、ウラン２３８の一部がプルトニウムに変化する。この使用済み核燃料を再処理して、ウラン燃料やウランとプルトニウムの混合酸化物燃料の原料として使えるようにする。再処理工場は「準国産エネルギー資源」を製造する。エネルギー資源の無い日本にとって極めて大切な工場である。

将来的にプルトニウムの転換効率に優れた高速増殖炉でプルトニウムを利用することができれば、利用効率は格段に向上する。

ＩＡＥＡの査察官が監視する中、平和目的に限定して、日本原燃は再処理を、核不拡散性に優れた技術＝ウラン・プルトニウム混合脱硝(だっしょう)で行っている。再処理最大能力は、年間８００トン・ウランで、１００万キロワット級原子力発電所約40基分の使用済み核燃料を処理できる。

２００６年より、使用済み燃料を用いたアクティブ試験を実施しており、２０２２年度上期の竣工(しゅんこう)に向けて、最終的な安全機能や機器設備の性能の確認作業が行われている。

全国の原子力発電所からの使用済み核燃料は、頑丈な使用済み燃料輸送容器に入れられ再処理工場に運ばれる。使用済み燃料を受け入れ、貯蔵建屋内の輸送容器管理建屋で一時保管した後、貯蔵プールに移す。十分に放射能が弱まった後、約3～4センチの長さに細かく剪断(せんだん)し、燃料の部分を硝酸で溶かした後、ウラン、プルトニウム、核分裂生成物に分離する。さらにウラン溶液とプルトニウム溶液を精製、脱硝して、ウラン酸化物とウラン・プルトニウム混合酸化物（MOX）の2種類の製品を作る。

再処理工程で生じる核分裂生成物を含む廃液は強い放射能を帯びている。これが高レベル放射性廃棄物である。この廃液をガラス原料と混ぜ合わせて溶融し、ステンレス製容器に流し込み、冷やして固める。これがガラス固化体である。最終の地層処分まで、高レベル放射性廃棄物貯蔵管理センターに冷却保存される。

世界一の耐震と耐津波技術に挑戦する日本の核エネルギー施設

国内の原子力発電所は、耐震性能、耐津波性能の大幅向上に取り組んでいる。私は、平成23年以来、改めて、独自に高速炉および軽水炉の地震と津波に対する安全性の現地調査を行った。

２０１３年5月19日、全国が注目する静岡県御前崎市の浜岡原子力発電所を視察した。耐震性の強化工事、海抜24メートルの防波壁建設や、潜水艦のような浸水防護などの津波対策、高台での非常用電源やポンプ車の配備と貯水槽建設が行われていて、驚かされた。一民間企業のものす

世界一の耐震・耐津波技術を構築する超多重防護の浜岡原子力発電所

ごい工事。太平洋沿岸にある重要エネルギー施設の要塞化だった。

浜岡原発は、想定されている東海地震の震源域内にある。東海・東南海・南海地震の3連動地震も考慮して、岩盤上で1千ガルの加速度の巨大地震を、中部電力は2005年、独自に設定した。2011年の福島第一原発の地震が最大550ガルなので、中部電力が想定する最大加速度がいかに大きいかがわかる。

2013年9月には、南海トラフ巨大地震を想定し、3号・4号機の地震対策として1200ガルを、さらに、地震動の増幅が想定される部分には2000ガルの耐震性を確保する姿勢で臨んでいるという。

配管サポートの補強、敷地内斜面のロッ

クボルトやアンカーの打ち込みによる補強、人工岩盤を追加するなどの取水槽地盤改良工事、防波壁地盤改良工事など、浜岡原発の徹底した巨大地震対策を私は見た。この想定地震に耐えられる建造物は他にはないのではないかと思わせる中部電力の意気込みだ。

発電施設全体を、総延長1・6キロメートル、海抜22メートルの高さの防波壁で囲み、高さ20メートルに置く非常用発電機、原子炉冷却ポンプや建屋に海水が入り込まない防水構造化など30項目の技術開発は、世界一の津波対策への挑戦と見た。

太平洋に面する1号機から5号機の原子炉施設は、海から見れば、樹木が生い茂る海抜10メートルほどの砂丘の陰にある。地下の岩盤に直接据えつけられる、海抜18メートル、幅2メートル、延長1・6キロメートルの防波壁に、さらに6メートルの高さの鋼板を追加する。

3・11の津波では、沿岸にあった防波壁はことごとく破壊されたが、岩盤から建造される浜岡の構造ならば耐えられる。

これが2016年6月には完成し、山側の丘とも接続され、原子力施設全体が、22メートルの高さの壁で囲まれることになった。まるで、高い城壁で囲まれた駿府（すんぷ）城だ。

さらに、防波壁を津波の一部が突破した場合の対策が構築されている。原子炉冷却海水ポンプや原子炉建屋内に海水が入り込まない防水構造化は、潜水艦のようだ。発電所全体に、幾重にも津波対策がなされ、正に多重防護。

非常時冷却機能の多重確保も凄い。万一、原子炉の冷却機能を失った場合でも、電源供給・注水・除熱について、複数の代替手段が講じられている。海抜40メートルの高台にガスタービン発電機を追加的に設置し、万一の緊急時に原子炉に注水できる。屋外の海水取水ポンプが故障しても、屋内に同様の機能を持つポンプが地下水槽のある防水構造の建屋内に設置されている。

さらに、このガスタービン発電機が使用できない事態が発生しても、24時間以上作動できる蓄電池、各号機の建屋屋上に設置した発電機、高台に用意してある電源車の電力でポンプを動かし原子炉へ注水できるのだ。

重大事故発生時の備えもある、徹底した多重防護の浜岡原発だが、想定外に炉心が溶ける事故に至った場合どうなるのか。中部電力は、次の3つの防護策を用意する。

①格納容器の破損を防ぐために、上部・側面・底部の3カ所に冷却装置を設置。

②放射性物質の放出量を抑制するために、フィルター付きの排気設備を設置。セシウムなどの微粒子を1千分の1以下に低下させる。

③建屋の水素爆発を防止するため、水素を排気する。放水で放射性粒子を敷地内に落下させる。

多くの国民が浜岡原子力発電所の耐震性や耐津波性に注目する。世界一の対策技術が開発されたとの印象を、私は現地視察と中部電力の公開資料から得た。巨大地震と巨大津波が東海地方を襲った時、太平洋沿岸で生き残る要塞の構築。さすが、天下統一の武将を生み出した中部だ。

高速増殖炉「もんじゅ」格納容器の上に立つ筆者。日本の宝を捨ててはいけない

福島第一原発事故後の2016年6月、私は福井県敦賀を訪れ、あらためて高速増殖炉もんじゅの地震津波対策を見た。さらに、自身が主催する第7回の放射線防護医療研究会で、高速増殖炉研究開発センターからの報告「もんじゅの緊急安全対策」の詳細を確認した。

「もんじゅ」は高い沸点を持つナトリウムを炉心冷却に使用しているために、冷却系統は軽水炉の高圧と異なり、低圧である。

万一、配管破損などで冷却材が漏れた場合はガードベッセルという容器で漏れたナトリウムを受けて冷却材を確保する設計になっている。しかも、原子炉崩壊熱の除去は3系統ある1系統で除熱できる。

福島第一のように全交流電源が喪失した場合でも、電気動力源を使わず、自然循環力で除熱ができるので極めて安全だ。その上、熱除去のヒートシンクは海水でなく空気としており、施設の高所に設置された空気冷却器により熱除去が行われる。

主要な安全施設は海抜21メートル以上に設置されていて、津波が原子炉の安全性に影響する可能性は極めて小さい。

安全なガラス固化体地層処分事業

キーンと金属がこすれるような音を耳にしながら、私たちが乗った大きな籠は、暗い中を真っすぐ下りていく。太い金網の隙間から、外の大きな円筒形の垂直坑道の壁面を眺めていた。

「このエレベーターは1分間で100メートルの速さで下ります」

「すると、3分半ですか」

「それくらいですね。ただし、到着前に遅くなりますので、およそ4分かかります。今、地下へ下がっていますので、気圧があがります」

そんな話をしながら、深度350メールの地下に到着した。

北海道幌延（ほろのべ）の深地層研究センターは、札幌から直線200キロメートル近くも離れていて日帰りというわけにはいかない。私は大学へ出張届を提出し、放射線防護学研究本務の一環とした見

北海道幌延深地層研究センター地下350m水平試験坑道（令和元年）

学がようやく実現できた。

２０１９（令和元）年9月22日、乳牛の放牧地の上には青空が広がっていた。利尻礼文（りしりれぶん）サロベツ国立公園に近い。使用済み核燃料の再処理で、有用なウランとプルトニウムを抽出した後に残る放射性廃棄物のガラス固化体の深地層処分技術開発のための研究施設が、深地層研究センターである。

核燃料サイクル開発機構（現：日本原子力研究開発機構）が、２００１年に幌延深地層研究センター（北海道幌延町）を、２００２年に瑞浪（みずなみ）超深地層研究所（岐阜県瑞浪市）を開設した。地層の種類が大きく異なる2か所で研究するためである。

これらの研究施設に放射性物質が持ち込まれる計画も、実際の処分場になる計画もない。

実際の地層処分には、建設、処分、埋め戻しまで、数十年単位の事業となるので、高い耐震性能が要求される。こうした研究も、両施設で行われている。

10名くらいの見学者一行は、最初に、ガラス固化体地層処分技術の概要を地上の施設内で学習する。その後、全員が用意されていた青色のつなぎ服、黄色の反射帯チョッキ、白色ヘルメット、安全長靴、懐中電灯、軍手を地上で身に着けて出発した。

高さ3メートル、幅4メートルくらいの円筒状の坑道の中を、技術者は説明しながら見学者を誘導する。

「金属製の支保工で支えられた坑道の壁面は厚み20センチの吹き付けコンクリートで覆っています」

「あと、物を運ぶためのレールが上にあって、2トンくらいの重量までいけます」

「試験坑道で、長期間、人工バリアの性能を試験します」

「掘削した土は地上で保管し、後で埋め戻しの時に利用します」

「試験穴は、新たに開発した自走式大型径掘削機で直径2・4メートル、深さ4・2メートルを掘削します」

ガラス固化体を囲む人工バリアの長期安定性の試験がどのように実施されたかを、坑道内の現場に置かれたビデオ映像を見て、見学者たちは理解した。

私の札幌医科大学物理学教授就任が２００４年2月なので、地層研究センターが幌延でガラス固化体の地層処分試験を実施する期間とほぼ重なった。そのため、この技術のゆくえを注目してきた。もちろん、医学部の物理講義でも核エネルギーの中で地層処分研究を取り上げた。（『核エネルギーと地震』）

使用済み核燃料の放射能は初期に急速に減衰する。停止した1時間後から7時間後に10分の1に。それから7倍の49時間後にまた10分の1。その7倍の時間すなわち３４３時間＝14日後で10分の1。だから、最初の1時間後の放射能に比べて、２週間後には１０００分の１に弱まる。放射能は自然に弱まる性質があるので、安全な場所に保管すれば、危険になることはない。これが、武漢コロナウイルスのように増殖し、感染拡大するバイオハザードとの違いである。

日本の「使用済み核燃料は核のゴミではない」。その中に含まれる有用なウランとプルトニウムのエネルギー資源を取り除いた「放射性の液体がゴミである」。この廃液をガラス原料と混ぜ合わせて溶融し、ステンレス製容器に流し込み、冷やして固める。これがガラス固化体である。最終処分まで、高レベル放射性廃棄物貯蔵管理センターで冷却保存後に、３００メートル以深の地層に埋設処分する。

作製されたガラス固化体は頑丈なステンレス容器に封印された状態にある。重量はおよそ０・５トン、外形43センチ、長さ１・３メートル。これには放射能はあるが、ウランやプルトニウムは

ガラス固化体の地層処分の概念

含まれていない。

日本の脱原発や地層処分反対派の人たちは、「地域に核を持ち込ませない」と叫んでいるが、地層処分の計画にあるガラス固化体にはウランやプルトニウムといった核燃料物質は含まれていない。彼らは嘘を平気でつく。

地層処分は高レベル放射性廃棄物の最終処分方法の一つである。日本の処分法は、既成の廃棄の観念を覆す高度技術となる。地層処分技術の三要素は、①閉じ込め技術、②人間社会からの隔離技術、③核の自然崩壊の原理である。

まず、①廃棄物の閉じ込めは、高レベル放射性廃棄物をガラス固化体とし、30年～50年の中間貯蔵を経た後に、オーバーパックと呼ばれる金属容器に封入される。1000年以上も古い地層からガラス製品が出土されていることなどがヒントになっている。

ガラス材料が自然環境の中で極めて安定しており、そのガラス技術を採用する。①の技術が人工の防護である。

②の人間社会からの隔離は、文献および実地調査により選びだした適切な安定した地層で、300メートル以上の深度に建設されたトンネル網を建設することから始まる。言わば、深い地下に建造される頑丈な鉄筋コンクリートの巨大倉庫である。この目的のために最先端の土木工事技術が開発される。この倉庫に先の硬質金属性のオーバーパック内に閉じ込められたガラス固化体の廃棄物を配置し、埋め戻される。地層とオーバーパックの間に充填(じゅうてん)される緩衝材は、粘土の一種である。これは、地震などの衝撃を弱めるばかりか、地下水の浸入を防ぎ、金属の酸化・錆(さび)を防止するのに有効となる。

この処分地の地表面は、放射線環境として全く安全である。ただし、長期間にわたり、その地中をボーリングさせないために法律で規制しなくてはならない。したがって、処分作業の終わった地表は国立公園などとして利用すればよい。そのくらい安全である。しかも、そうすることにより、長期間、国の管理下に置かれるので好ましいと私は考えている。この②が自然を利用した放射線防護である。

③の核の自然崩壊の原理により、高レベル放射性廃棄物の放射能は徐々に減衰する。最初の1千年間で、初期のおよそ100万分の1に放射能が弱まるのである。こうなれば、リスクはか

なり小さい。人工および自然の多重防護により長期間、人間社会から隔離された高レベル放射性廃棄物の核は崩壊し、そのリスクは未来に低下する。仮に、地震などによる外圧や地下水などで、1千年以後に、徐々に人工防護機能が低下して多少漏れ出しても、その頃にリスクはかなり低下しているのである。

高レベル廃棄物処分では、1千年以上の先の未来を予想しなくてはならない。予想は困難だが、過去の歴史は調べられているので、色々な情報が存在する。そこで有効な科学が考古学。

日本列島の原形は5千万年前に形成されたと考えられている。北海道で白亜紀7千万年前の地層から首長竜の全身骨格に近い化石が発見された。その地層が令和の現代まで大きく破壊されずに保存されていた証拠である。

1万6千年前に始まる縄文時代の遺跡から土器や土偶が発掘されていることも、安定した地層が存在している証拠。地域の遺跡の数から当時の人口を推計できるほどだ。(『誇りある日本文明』)

日本文明の誇りある事業で地域活性化

日本では、2000(平成12)年6月、「特定放射性廃棄物の最終処分に関する法律」が公布され、高レベル放射性廃棄物の最終処分に向け、法的に整備された。そして同年10月、「原子力発電環境整備機構NUMO(ニューモ)」が設立され、処分事業の主体的役割を果たすことになった。

地層処分の適正地を見いだすために、科学的基準にしたがって、日本全土を俯瞰した地図が作製された。科学的特性マップと呼ばれ、２０１７（平成29）年7月、資源エネルギー庁が提示した。

火山活動、地震に関わる活断層、地下深部の地盤の強度や地温の状況などのこれまで知られたデータに基づく好ましくない地域は黄土色に、そして経済的に価値の高い地下資源の分布地域は将来掘削の可能性があり、これらの地域は灰色にされ除外された。

これら以外が好ましい地域で、薄い緑色。さらに廃棄物の海上輸送の効率から沿岸から20キロメートル以内とした区域、緑色が特に好ましい地域である。

こうした4色の地図が日本の科学的特性マップである。詳しくは現地調査の必要があるが、地層処分地は緑色の地域から選定する原則である。北海道、東北、関東、北陸、中部、近畿、中国、四国、九州、沖縄の各地域に、緑色の地層処分に好ましい土地があることが示された。

放射性廃棄物の最終処分にあたっては、「特定放射性廃棄物の最終処分に関する法律」（最終処分法）に基づき、施設建設地選定のため3段階の調査（文献調査、概要調査、精密調査）が行われる。

最初の文献調査は、自治体からの応募か、もしくは国から自治体に申し出ることで行われる。文献調査は、地質図や学術論文などの文献・データをもとにした机上調査である。

地層処分の場所として不適切な地域をあらかじめ除外することを目的に、既存の文献情報を用いた検討を行う。地質図、活断層の分布図、航空写真、地形／水系図、植生分布図、土壌分布図、地温勾配図、論文／報告書、古文書など。

文献調査の段階で得られる情報の限りにおいて、明らかに自然現象の影響が著しい場所や、将来の人間侵入の動機となる可能性がある鉱物資源が分布している場所、地下施設建設が困難となる未固結堆積物が分布している場所を除外する。

文献調査は、地域住民に事業を深く知ってもらい、次の段階の概要調査を実施するかどうかを検討してもらう材料を集める、事前調査的な位置付けになっている。文献調査そのものは、処分場の受け入れを求めるものではない。

概要調査では、地上からの物理探査やボーリング調査、トレンチ調査などにより、火山や活断層などに加えて、坑道の掘削に支障がある場所や、岩盤中の破砕帯や地下水の流れが地下施設に著しい影響を及ぼすおそれが高い場所を避ける。

精密調査では、地上からの調査を実施するとともに、地下に建設する調査坑道（トンネル）を使って、岩石の強度などの物理的性質や地下水の化学的な性質（アルカリ性、酸性など）などについて調べ、地層処分に適している場所を選ぶ。

概要調査地区、精密調査地区および施設建設地を選定する際には、改めて地域の意見を聴き、反対の場合は先へ進まないことになっている。

3段階の調査は約20年かけて慎重に行われる。この間、電源三法交付金が調査地域に配布される。2年間の文献調査期間に20億円、つぎの概要調査に年間20億円、最大70億円。精密調査期間の交付金は今後国において制度化される。

NUMOは4万本のガラス固化体の地層処分費用を3兆円と推定している。1本あたり7500万円になる。仮に1万年間、地下にあったとしたら、1年間あたりの家賃は7500円になり、妥当な家賃である。

一方、これらの元の核燃料が発電した総額はどれくらいだったのだろうか。1本のガラス固化体は10万世帯が1年間消費する電力を生み出したと言われている。1世帯1年の電気代が10万円と仮定すれば、1本のガラス固化体の発電量は100億円。1本の処分費用は0・7億円なので、十分元が取れる。

地層処分地が選定されると、大規模な工事が、処分地に加えて、周辺の港湾、道路に始まり、NUMOをはじめ多数の作業員が働くようになる。地域の雇用が増大するばかりか、人口増につながる。

周辺地域の経済が飛躍的に発展するなか、教育や病院などが充実していくはず。地域の発展は国全体のエネルギー基盤の整備に貢献するので、この地層処分事業は誇りある事業だ。

地層処分はウラン核燃料のリサイクル事業の重要な一部であり、最終部分。科学的に考えれば、この核燃料サイクルには、とても明るい未来が見える。

使用済み核燃料の再処理から取り除かれる有効成分のウランやプルトニウムは核燃料に成形されリサイクルされる。

もし、高速増殖炉を使用するサイクルが完成すれば、8千年間もの発電が可能になると推計される。だから、地層処分地開発も継続する。

高レベル放射性廃棄物ガラス固化体の深地層処分技術研究は、岐阜と北海道の2種の地層で十分な試験研究がほぼ完了した。安全な地層処分技術の実現が見えてきた。

第2章で前述したように、候補地調査に自治体側から手を挙げない状況が続いていたが、2020（令和2）年、ようやく動きがあった。3月1日投開票となった対馬市長選に、地層処分NUMOの誘致を公約とする候補者・荒巻靖彦氏が名乗りを上げた。

これに関し、私は放射線防護学の専門家として、地層処分の科学とその安全性を当地の市民に説明すべく、事前セミナーを行った。残念な選挙結果ではあったが、正々堂々とした選挙戦は次へと続いた。

対馬セミナーに合わせて、ガラス固化体地層処分の科学動画を作成して、ユーチューブへアップした。タイトルは「ターサンの深地層処分の科学」で、幌延の研究センターの坑道の見学の模様、地層処分事業の地域貢献をわかりやすく解説した内容である。

同年8月の北海道寿都(すっつ)町長・片岡春雄氏のＮＵＭＯの地層処分文献調査に手を挙げる検討発言が出た。そして、同じく北海道神恵内(かもえない)村は国からの申し入れを受諾した。

11月17日、経済産業省は令和2年事業年度事業計画の変更を認可し、北海道寿都町および北海道神恵内村において文献調査実施が決定した。

地層処分地の文献調査は、より多くの地域で同時に開始することが望ましいと私は考える。その成功の確度を高めるからだ。おそらく、国もそう考えているだろう。

縄文時代1万6千年前に始まる世界最古で先進の誇りある日本文明を繋ぎ、新たな一歩を進むのは私たち。深地層処分技術は現代から未来へ繋ぐ地域と国家のテーマである。地層処分に好ましい土地がある自治体は、処分地候補として応募し3段階の調査を受けることを真剣に検討されてはいかがだろうか。地域の発展と国益にかなう事業なのだから。

おわりに――「木馬」を倒して笑顔で日本再興

昭和時代、テレビ「鉄腕アトム」や映画「ゴジラ」を観て、そして伝書鳩レースをする理科少年の純は、いつの間にか、世界の核放射線災害の現地を調査する物理学者になっていた。「気がついたら、そうなっていた」と、令和に生きる私は思う。

家族に心配をかけながら、広島の原爆、ビキニの水爆、旧ソ連の核爆発の現場、シルクロードでの中共の核の蛮行、北朝鮮の地下核実験の監視、シベリア、チェルノブイリ、福島での核の平和利用における事故災害の現場調査を行った。現地科学者と共同し、広島大学の同僚と共同して、そして時に単独での調査研究だった。

核技術が誕生した時代の流れに素直に乗りながら、一人乗りのカヤックを操作してきたような科学人生だった。そこに、歴史的使命感は常にあった。

今回の執筆も、チャイナバイオハザードが世界で吹き荒れる中、背中を突き押されるような気持ちで書き進んだ。ハート出版との企画の合意ができて、執筆を開始したのが令和2年12月18日。

福島軽水炉事故10周年に間に合わせたいとの版元の希望で、3月初旬に書店に並べたいという。2月5日までに、入稿完了が目標になった。この「おわりに」を書いている今日は1月17日。神仏の御守りと、出版社のご理解、妻の心からの支えあってのこと、感謝大である。

執筆の心は、「トロイの木馬」の粉砕にある。旧ソ連、中共、北朝鮮が日本へ送り込んだ「日本の木馬」が、「日米安保反対」、「反核」、「脱原発」、「放射線はゼロがいい」、「憲法9条を護れ」、「自衛隊は違憲」、「自民党政権打倒」を叫ぶ。

その間に、これら共産主義独裁体制の3国は、核武装を完成させ、もしくは完成に向かった。この核武装に、日本の力が利用されてきた衝撃の事実があった。「木馬」たちの「反核」運動は真っ赤な嘘だった。

真のリスクは、暴走する共産独裁体制にある。神仏をも恐れない唯物論（ゆいぶつろん）は、ソ連、中共、北朝鮮に共通する。権力支配と闘争が激化し、粛清に走った。共産主義者は多少勉強し、偉くなった気分で「理論」で相手を打ち負かそうとする。それでも、駄目なら、暴力で脅す。どうしても、意志を通そうとした悪知恵者は、敵対勢力を無力化する。自分を絶対化する恐ろしさである。

人の知恵を超えた、天地創造主の存在や先祖への敬（うやま）いがあれば、こうした暴走はないはずだ。人は永遠に未完成な存在。人生も社会も襷（たすき）をつなぐ駅伝なり。個人で完結することは、絶対にない。

私も学生時代、エンゲルスの「自然の弁証法」を学んだが、独裁の恐怖政治を知る由もなかった。知ったのは、ソ連崩壊と、天安門事件からだ。一人の医師の人生を追いながら、ソ連の革命時にあった権力闘争と暴力、そして愛を描いた映画『ドクトル・ジバゴ』は「目から鱗が落ちる」であった。

「共産主義」は全くの嘘だった。

「労働者を支配する心貧しい権力者の至上の利己主義」であることを、歴史が示した。すなわち、自由と民主主義や人権の尊重という普遍的価値を認めないとんでもないリスク「共産主義」である。「日本の木馬」が叫ぶ、「人権擁護」はカムフラージュだった。

他国への侵略リスクを隠して見せるのが「共産」なる価値観の「木馬」である。「人民解放軍」という名の侵略軍。現実には「共産」は無かった。スターリンの大粛清、毛沢東の文化大革命、シルクロードの未曽有の核爆発災害、天安門事件、香港一国二制度崩壊、臓器狩りと移植ビジネス、少数民族の隔離や浄化などのオゾマシイ利己主義の現実が、日本人がパンダをありがたがっている陰で起きていた。

２０２０年の中共の軍事予算19兆円は、日本の5・3兆円の3・6倍。アメリカの73兆円

（2019）についで、世界2位。世界2位の軍事力・経済力を背景に、北京を始発とした一帯一路政策という覇権主義に駆られた中共帝国は、アジアのみならず、世界の脅威となった。核弾頭を搭載する弾道ミサイル200基以上を配備する、ダモクレスの剣である。

福島軽水炉事故の低線量放射線で福島県民は誰一人として死ななかった。中共が1メガトン核弾頭を東京に撃てば、1発で380万人が殺される巨大リスクがある。誰一人死なない福島低線量事故のデマで恐怖を煽り、2020年、世界179万人が感染死亡した武漢バイオハザードの原因を追及せず、尖閣での領海侵犯をはじめ日本に人口侵略を進める中共の巨大リスクを隠蔽する「日本の木馬座」。

中共が仕掛けたバイオハザードによる主要先進国への直接攻撃、メガトン級弾道ミサイルの配備＝ダモクレスの剣、先端通信技術ネットワークで世界覇権、世界中に放った「トロイの木馬」。

アメリカ合衆国ドナルド・トランプ第45代大統領は、中共の放った「自国のトロイの木馬」を任期中に粉砕した。しかし、2020年の大統領選挙でトランプ氏は残念ながら敗れた。これも「アメリカの木馬」の必死の工作の結果である。

2021年、共和党から民主党ジョー・バイデン政権へ移行するが、果たして、どうなるのか。両政党の激突は終わりを見せていない。コンピュータ情報通信網に仕掛けられた〝世紀の犯罪〟

を証明できるのか。あってはならない犯罪だが、あり得ない犯罪とは言えない。

親中共の民主党で、世界のリスクが増大する恐れがある。民主党の掲げる普遍的価値観がマヤカシでなければいいが。「核兵器のない世界」発言のオバマ政権と中共台頭の時代は重なった。しかも、「テロとの戦い」と世界を欺き、中共のチベット、ウイグル、南モンゴルでの弾圧は激しさを増した。

米露が核軍縮を進めた期間に、中共は核軍拡していたのだ。米露間だけでの無意味な核軍縮プログラムを停止させたのは、トランプ大統領だった。

「木馬」との戦いこそが、陰陽世界大戦の主戦場＝関ケ原だ。「敵は国内にいる」のだ。政権トップが開催する「醍醐の花見」を、鬼の首をとったかのように騒ぎまくる「日本の木馬」たち。これも国民の目をそらすための演出だった。朝日新聞の言う、「市民」の声は、必ずしも「国民」ではない。

私たち国民は、「反日の木馬」が仕掛けるデマにまみれた情報戦に打ち勝たねばならない。科学と正義からの反論である。憲法改正、自主憲法にＹＥＳ！　自主憲法は普通の国家の当たり前の権利である。

日本を守るのは、軍事力だけではない。愛国心と誇りにもとづく和の力が第一である。日本の歴史が示しているとおりだ。それがあれば、必要な国防力はおのずと付いてくる。

縄文時代1万6千年前に始まり、伝承されてきた世界最古で先進の日本文明。世界の人口が爆発する21世紀、世界一の長寿国日本の少子化の克服は、発想の転換で一気に解決可能である。

福島事故2011年の低線量放射線で誰一人死んでいないし、今後も死なない。チェルノブイリで暴走・崩壊したソ連の黒鉛炉に比べて日本の軽水炉は安全性能が格段に高い。そもそも軽水炉は暴走しにくい原理である。しかも既に、日本の原子力発電所は、世界一の耐震・耐津波技術を目指して改良されている。今後も、その安全技術は進化する。

日本社会の土台を支えるのが核燃料サイクル技術の開発。日本には十分な量のウラン資源が既に貯蔵されている。高速増殖炉技術もんじゅの廃炉決定を撤回しないといけない。日本のガラス固化体地層処分技術は安全に実現できる。日本は核エネルギーを手放してはならない。しかも、技術の完成は近い。

独創の技術は古来、日本の宝。その技術は常に先進にあり、世界へ大きな貢献ができる位置にある。これは、国民一人ひとりの精進、改善の努力、和の心の賜である。正直な心と性善説は、日本人の良い点であるが、「トロイの木馬」に騙されやすいので、気を付けたい。

日本のベクトルは、「文明の発展と世界平和」に向いている。明るい家庭をつくって、笑顔の国を再興しよう。

文献リスト

「ロシア北部での核力巡航ミサイル爆発事故時の核分裂量の推計」高田純、日本保健物理学会、2019.
「ギリシア・ローマ神話 上・下」トマス・ブルフィンチ著、大久保博翻訳、角川文庫、2004.
「中国の核実験」高田純、医療科学社、2008.
「写真　中国の顔」野間宏、大江健三郎ほか、社会思想研究会出版部、1960.
「誇りある日本文明」高田純、青林堂、2017.
「福島　嘘と真実」高田純、医療科学社、2011.
「決定版　福島放射線衛生調査」高田純、医療科学社、2015.
「原発ゼロで日本は滅ぶ」中川八洋、高田純編著、オークラ出版、2012.
「紙上討論―初代原子力規制委員長と高田純」、高田純、放射線防護情報センター、2021.
「東京に核兵器テロ！」高田純、講談社、2004.
「シミュレーション　北の核が日本に落ちたら」高田純、正論、2017年8月号.
「核爆発災害」高田純、中公新書、2005.
「世界の放射線被曝地調査」高田純、講談社ブルーバックス、2002.
「増補版　世界の放射線被曝地調査」高田純、医療科学社、2016.

「Nuclear Hazards in the World」J. Takada, Springer and Kodansha, 2005.
「オホーツク文学の旅」木原直彦、生田原町、1993.
「北海道冬季大停電事態の人命リスクと原子力発電所再稼働」高田純、FBNews No.512、千代田テクノル、2019.
「北海道冬季大停電時における循環器系・呼吸器系疾患の死亡リスク推計」佐久間裕也、高田純、札幌医学医療人育成センター紀要、2020.
「第1回原子力災害対策本部会議議事概要」本部長・菅直人内閣総理大臣、平成23年3月11日（金）19:03-19:22, 2011.
「The reality of the low radiation dose on population in Fukushima Daiichi 20km zone」J. Takada, Proceedings of the 14th International Congress of the International Radiation Protection Association, Cape Town, South Africa, 9 – 13 May 2016.
「スターリンと原爆　上・下」デーヴィド・ホロウェイ著、川上洸、松本幸重（翻訳）、大月書店、1997.
「シベリア抑留」長勢了治、新潮社、2015.
「ソ連の核兵器開発に学ぶ放射線防護」高田純、医療科学社、2010.
「シルクロードの今昔」高田純、医療科学社、2013.
「中亜探検」橘瑞超、中公文庫、1989.
「Chinese Nuclear Tests」Jun Takada, Iryoukagakusha, 2009.
「核と刀」高田純、明成社、2010.

「核の砂漠とシルクロード観光のリスク」高田純、医療科学社、2009.
「Death on the Silk Road」Richard Hering and Stuart Tanner, BBC、1998.
「核災害に対する放射線防護」高田純、医療科学社、2005.
「日本人抑留者はソ連核開発の捨て駒にされた！」高田純、WiLL、ワック、2018年7月号．
「Dose prediction in Japan for nuclear test explosions in North Korea」J.Takada, IAEA Reports, Applied Radiation and Isotopes, Elsevier,1683-1685, 2008.
「北朝鮮　核実験場周辺住民の線量推定　ＲＡＰＳ」高田純、日本保健物理学会、第51回研究発表会、2018.
「朝鮮の核問題」小出裕章、京都大学原子炉実験所、2003. http://www.rri.kyoto-u.ac.jp/NSRG/kouen/KoreanN.pdf
「原発はいらない」小出裕章、幻冬舎ルネッサンス、2011.
「北朝鮮弾道ミサイルの最高機密」李 福九、徳間書店、2003.
「21世紀　人類は核を制す」高田純、医療科学社、2013.
「核と放射線の物理」高田純、医療科学社、2006.
「核エネルギーと地震」高田純、医療科学社、2008.
「医療人のための放射線防護学」高田純、医療科学社、2008.
「ターサンの深地層処分の科学」高田純、放射線防護情報センター、ユーチューブ、2020.
「日本の原発はどこへ行く」前原子力規制委員長 田中俊一、日本原子力学会2020秋の大会．
「日本の核エネルギー論」高田純、放射線防護情報センター、2013.

「高速増殖原型炉・もんじゅのページ」高田純、放射線防護情報センター、2008.
「もんじゅの安全性討論」高田純、放射線防護情報センター、2003.
「リスクとクスリ　世界の核ハザード研究から医学物理の教育へ」高田純、札幌医学雑誌88（Supplement）、2020.

高田純主宰のウェブサイト・rpicとユーチューブ動画をご参考に。

高田 純　たかだ・じゅん

理学博士(広島大学)。昭和29年、東京都生まれ。札幌医科大学名誉教授。専門は医学物理、核放射線防護。中国・北朝鮮の核武装問題、核テロ対策に、自衛隊衛生隊や国民保護室と連携し取り組んでいる。現場主義でマーシャル諸島、シベリア、シルクロード、福島など世界の核放射線災害地を調査してきた。休日は遺跡や博物館、郷土資料館、山や湖、温泉をめぐる。日本シルクロード科学倶楽部会長、放射線防護情報センター代表、放射線防護医療研究会代表世話人、放射線の正しい知識を普及する会理事など。未踏科学技術協会高木賞、アパグループ「真の近現代史観」懸賞論文藤誠志賞など受賞。

著書「世界の放射線被曝地調査」(講談社)、「核爆発災害」(中央公論社)、「核と刀」(明成社)、「福島　嘘と真実」「人は放射線なしに生きられない」(ともに医療科学社)など多数。

脱(だつ)原発は中共(ちゅうきょう)の罠(わな)

令和3年3月12日　第1刷発行

ISBN978-4-8024-0115-9　C0030

著　者　高田　純
発行者　日高裕明
発行所　ハート出版
〒171-0014 東京都豊島区池袋3-9-23
TEL. 03-3590-6077　FAX. 03-3590-6078

印刷・製本／中央精版印刷